Informelle Hierarchie als Erfolgsfaktor in New-Work-Teams – Evaluierung einer Methodik zur Validierung rangdynamischer Modelle

---

Daniel Geckert, M.Sc.

Reihe: „Informelle Hierarchie und Rangdynamik“

Forschungsarbeiten zur Gruppendynamik, Rangdynamik und informeller Hierarchie im Kontext von New Leadership, New Work, dezentraler Arbeitsorganisation, agilem Projektmanagement, betriebliche Gesundheit, Team Performance und Pädagogik

- www.informelle-hierarchie.de

Schöner Brunnen, Nürnberg

Autor: Daniel Geckert, M.Sc.

FOM Hochschule für Oekonomie & Management gGmbH, Nürnberg
‣ www.fom.de

Herausgeber: Prof. Dr.-Ing. Dipl.-Inf. (FH) Peter H. Vatter

FOM Hochschule für Oekonomie & Management gGmbH, Nürnberg
Institut für Arbeit und Personal (iap)
‣ www.fom.de ‣ www.fom.de/iap

ISBN (Print) 978-3-98933-002-3
ISBN (eBook) 978-3-98933-003-0

Die Deutsche Nationalbibliothek verzeichnet diese Publikation in der Deutschen Nationalbibliografie. Detaillierte bibliografische Informationen sind im Internet unter https://katalog.dnb.de abrufbar.

„Noricum Wissenschaftliches Buchhaus“ ist eine Marke der Noricum Consulting GmbH, Südwestpark 37-41, 90449 Nürnberg, Druck und Distribution: tredition GmbH, Ahrensburg. Printed in Germany

Die vorliegende

Master-Thesis

wurde durch den Autor unter dem Titel

Informelle Hierarchie als Erfolgsfaktor in New-Work-Teams – Evaluierung einer Methodik zur Validierung rangdynamischer Modelle

am 28.02.2022 an der

FOM Hochschule für Oekonomie & Management gGmbH,
Studienzentrum Nürnberg

zur Erlangung des Grades

Master of Science (M.Sc.)

in einer inhaltlich identischen Fassung
eingereicht.

Die Verteidigung wurde am 26.04.2022 erfolgreich abgelegt.

1. Gutachter: Prof. Dr. Peter Vatter
2. Gutachter: Prof. Dr. Anja Liebrich

Vorwort

Für viele Beteiligte stehen im Zuge von Projektarbeit Prozesse, KPI's, Budgets und Projektpläne im Vordergrund. Rangdynamische Prozesse und hierarchische Strukturen, welche sich in Projektteams bilden und verändern, kommen in der Wahrnehmung in der Praxis vielerorts zu kurz oder werden nicht berücksichtigt. Die Forschung in diesem Bereich bietet jedoch ein anspruchsvolles wissenschaftlich interessantes Themengebiet. Gerade in der heutigen Zeit, in der das projektorientierte Arbeiten zunimmt, gewinnt die Betrachtung rangdynamischer Modelle an wirtschaftlicher Relevanz. Zahlreiche grundlagenwissenschaftliche Fragestellungen sind dabei ungeklärt oder noch nicht wissenschaftlich belegt und bieten Raum für intensive und spannende Forschungstätigkeit. Daher freue ich mich, durch meine Arbeit einen Beitrag zum Verständnis leisten zu können.

Diese Abschlussarbeit entstand im Zuge meines berufsbegleitenden Studiums im Studiengang Business Consulting & Digital Management an der FOM, der Hochschule für Ökonomie und Management am Standort Nürnberg von 2021 bis 2022. Dabei kann eine Forschungsarbeit nicht ohne Unterstützung zu einem erfolgreichen Ende gebracht werden. Daher möchte ich an erster Stelle Herrn Prof. Dr.-Ing. Peter Vatter für die intensive fachliche Betreuung und seine fortwährende Unterstützung danken. Seine kritische Reflexion meiner Forschung sorgte dafür, Klarheit zu schaffen und das weite Feld der rangdynamischen Forschung zu entwirren. Darüber hinaus danke ich Frau Prof. Dr. Anja Liebrich für die Übernahme des Zweitgutachtens meiner Arbeit. Der intensive, konstruktive Austausch mit ihr half mir sehr dabei, das Thema meiner Arbeit einzugrenzen und die Vorgehensweise zu konkretisieren.

Desiree Cardelli und Philip Diszlberger danke ich für die Zusammenarbeit in unserer kleinen Forschungsgruppe. Die umfangreiche wissenschaftliche Diskussion, die kritische Beurteilung zahlreicher Themen sowie die konstruktive und zielgerichtete Arbeitsatmosphäre hebe ich hier gerne hervor. Ihre Unterstützung bei der Durchführung des praktischen Teils meiner Arbeit, aber auch ihre Ablenkung von sachlichen Themen, bestehende Schwierigkeiten immer wieder ins rechte Licht zu rücken, halfen mir sehr. Somit trugen sie wesentlich zum Gelingen dieser Arbeit bei. Ich hoffe, ich konnte sie geringfügig bei ihrer Forschung unterstützen. Die Arbeit mit ihnen war mir eine große Freude und ich wünsche ihnen bei ihrem weiteren Weg viel Erfolg und ebenso viel Freude.

Neben zahllosen anderen geht mein Dank außerdem an Herrn Dr. Nasser Ahmed, Michaela Schwegler, Birgit Hock und Marlies Geckert. Ohne die Unterstützung meiner

Eltern und Großeltern, während meiner schulischen Laufbahn, hätte ich den Weg der akademischen Bildung nicht einschlagen können. Sie schufen die Voraussetzungen dafür und dienten mir als Vorbilder. Sie bestärkten mich, meinen Weg zu gehen und die eigenen Ziele, trotz Niederschlägen oder im Angesicht großer Herausforderungen, nicht aus den Augen zu verlieren.

Mein herzlichster Dank gilt aber vor allem meiner eigenen kleinen Familie. Meine Frau hielt mir geduldig den Rücken frei und organisierte Vieles um unsere kleine Familie herum. So hatte ich Zeit, die vielen einzelnen Stufen meines Studiums erfolgreich zu erklimmen und schlussendlich diese Abschlussarbeit anfertigen zu können. Bei meinen beiden Kindern entschuldige ich mich für den Verzicht auf Spiel und Vorlesezeit mit ihrem Papa. Ich verspreche, das jetzt mit Freuden nachzuholen.

Allen Bacheloranden und Masteranden, die aus unserer Forschungsgruppe noch mit ihrer Arbeit beschäftigt sind, wünsche ich von ganzem Herzen die notwendige Ausdauer, einen klaren Blick, viel Geschick beim Beurteilen der Prioritäten und die Geduld für eine kritische Beurteilung des eigenen Vorgehens.

Für alle Leser hoffe ich, einen hilfreichen Beitrag und neue Anregungen auf dem interessanten Gebiet der informellen Hierarchien und der rangdynamischen Gruppenprozesse gegeben zu haben. Allen, die daran mitarbeiten, das Potential in weiteren Arbeiten auszuschöpfen, wünsche ich dabei viel Erfolg.

Nürnberg, den 19.05.2023 Daniel Geckert

Inhaltsverzeichnis

Abbildungsverzeichnis X

Tabellenverzeichnis XI

Abkürzungsverzeichnis XII

1 Einleitung 1

1.1 Zielstellung 2

1.2 Vorgehensweise 3

2 Theoretische Grundlagen 5

2.1 New Work 5

2.2 Agiles Projektmanagement in der VUCA-Welt 6

2.3 Gruppen 10

2.3.1 Definition der Gruppe 10
2.3.2 Definition von Teams als Sonderform der Gruppe 14
2.3.3 Führung in Gruppen 16
2.3.4 Konflikte in Gruppen 17

2.4 Gruppendynamik 19

2.4.1 Entwicklung des Forschungsbereiches der Gruppendynamik 20
2.4.2 Definition der Gruppendynamik 21
2.4.3 Rollen und ihre Funktionen in Gruppen 24

2.5 Modelle zur Darstellung rangdynamischer Prozesse 27

2.5.1 Rangdynamikmodell von Schindler 27
2.5.2 Gruppendynamische Prozesse 29
2.5.3 Rangdynamikmodell von Vatter 30

2.6 Aktueller Stand der Forschung 34

2.7 Zwischenfazit 36

3 Methodik zum Nachweis rangdynamischer Prozesse 37

3.1 Untersuchungsansatz der Triangulation 37

3.2 Gütekriterien 38

3.3 Untersuchungsumfeld und Stichprobe 40

3.4 Fragebogen zur persönlichen Selbsteinschätzung der Teilnehmer 41

3.5 Gruppenbeobachtung von Teilnehmern eines Planspiels 42

3.5.1 Aufbau und Inhalt 43

3.5.2 Auswertung 49

3.6 Reflexion des Laborexperiments durch die Teilnehmer 50

4 Experimentelle Erprobung der Methodik 53

4.1 Untersuchungsumfeld und Stichprobe 53

4.2 Vorbereitung und Versuchsaufbau 54

4.3 Ablauf und Durchführung 56

4.4 Auswertung der experimentellen Erprobung der Methodik 57

4.4.1 Auswertung der Beobachtung der Teilnehmer des Planspiels 57

4.4.2 Auswertung der Lösungen des Planspiels 58

4.5 Ergebnisse der experimentellen Erprobung der Methodik 59

4.5.1 Ergebnisse der Individuallösungen des Planspiels 59

4.5.2 Ergebnisse der Gruppenlösung des Planspiels 61

4.5.3 Ergebnisse der Beobachtung der Teilnehmer des Planspiels 65

5 Diskussion 69

5.1 Interpretation der Ergebnisse des Experiments 69

5.2 Beantwortung der Forschungsfragen 72

5.2.1 Konsistenz der Ergebnisse der Teilinstrumente der Methodik 72

5.2.2 Lehren aus der experimentellen Erprobung der Methodik 73

5.2.3 Verbesserungspotentiale der Methodik 74

5.2.4 Eignungsfeststellung rangdynamischer Modelle 75

5.2.5 Zukünftiges Vorgehen zum Nachweis rangdynamischer Prozesse 76

6 Zusammenfassung und Ausblick 77

Anhang 79

Anhang 1 – Teilnahmebedingungen und -bestätigung 79

Anhang 2 – Ausgangssituation und Gegenstände des Planspiels 80

Anhang 3 – Musterlösung der NASA und Auswertungsbeschreibung 82

Anhang 4 – Beobachtungsbogen 84

Anhang 5 – Definitionen der Beobachtungskriterien 85

Anhang 6 – Reflexionsfragebogen zum Laborexperiment 86

Literaturverzeichnis 87

Abbildungsverzeichnis

Abbildung 1: Unterschiede Agil-iterativer und klassischer Projektplanung 9

Abbildung 2: Dreidimensionaler, gruppendynamischer Raum 23

Abbildung 3: Schindlers Rangdynamik-Modell mit Interaktionsmuster 30

Abbildung 4: Erweitertes Rangdynamik-Modell der archaischen Gruppe nach Vatter 32

Abbildung 5: Dreidimensionaler SYMLOG-Raum 45

Abbildung 6: Kodierschema act4teams für Gruppeninteraktionen 47

Abbildung 7: Gesamte Abweichungen der Einzellösungen und des Teams von der Musterlösung 60

Abbildung 8: Abweichungen der Einzellösungen von der Musterlösung nach Gegenstand 61

Abbildung 9: Abweichungen der Gruppenlösung von der Musterlösung 62

Abbildung 10: Abweichungen der Einzellösungen von der Gruppenlösung 63

Abbildung 11: Abweichungen der Einzellösungen von der Gruppenlösung pro Gegenstand und Teilnehmer 64

Abbildung 12: Abweichungen der Einzellösungen von der Gruppenlösung nach Gegenstand 65

Tabellenverzeichnis

Tabelle 1: Definitionen des Begriffs Gruppe ... 10
Tabelle 2: Vier-Phasen-Modell der Gruppenentwicklung nach Tuckman ... 13
Tabelle 3: Vier Dimensionen der Teamarbeit ... 15
Tabelle 4: Gütekriterien quantitativer Forschung ... 38
Tabelle 5: Gütekriterien qualitativer Forschung ... 39
Tabelle 6: Rolleneigenschaften nach König und Schattenhofer ... 44
Tabelle 7: SYMLOG-Signierungsbogen ... 46
Tabelle 8: Annahmen zur Operationalisierbarkeit der Interaktionen ... 48
Tabelle 9: Teilnehmerübersicht des Experiments ... 54
Tabelle 10: Vergleich der Musterlösung mit den Einzelergebnissen ... 60
Tabelle 11: Abgestimmter Beobachtungsbogen der Forscher ... 67

Abkürzungsverzeichnis

MIT	Massachusetts Institute of Technology
T-Gruppe	Trainingsgruppe in der Sozialforschung
VUCA	Akronym (volatile, uncertain, complex, ambiguous) zur Beschreibung von Herausforderungen, welchen Unternehmen in der digitalisierten und globalisierten Welt gegenüberstehen

1 Einleitung

Im Zuge der Digitalisierung und der damit einhergehenden Transformation der Arbeitswelt sehen sich zahlreiche Unternehmen in den vergangenen Jahren mit einem zunehmend komplexer werdenden Marktumfeld konfrontiert. Die neuen Begebenheiten werden oft mit dem Akronym „VUCA-Welt“ beschrieben.

Um den aktuellen Herausforderungen angemessen zu begegnen, bemühen sich viele Unternehmen um entsprechende Anpassungen. Diese betreffen die Arbeitsmethoden, aber auch die Arbeitskultur und -organisation. Unter dem Begriff „New Work“ sammeln sich dabei viele dieser Maßnahmen.[1] Darunter fällt die Aufarbeitung der Unternehmenskultur durch die Einführung einer aufrichtigen und gelebten Vertrauenskultur. Der Umbau der Unternehmensstruktur, zu flacheren Hierarchien, flexiblen Arbeitszeiten und offenen, kommunikativen Bürokonzepten leisten einen Beitrag dazu. In diesem Zuge finden auch agile Projektmanagementmethoden wie Kanban oder Scrum einen Platz.

So ließ sich 2008 bereits europaweit ein Trend ableiten. Damals gaben ca. 60% der Unternehmen an, alle Aufgaben oder Teile davon in Teams bearbeiten zu lassen. Deutschland lag dabei mit 57,7% nah am europäischen Mittel.[2] Die Arbeitsweise veränderte sich weiter, hin zu Projektgruppen und teilautonomen, virtuellen Teams.[3] Die davon betroffenen Mitarbeiter müssen sich immer wieder in neue Arbeitsgruppen integrieren. Sie verbringen einen großen Teil ihrer Arbeitszeit in Projektteams.[4]

Mit dem verbreiteteren Einsatz von Teamarbeit rückt die Betrachtung der Teamzusammenstellung stärker in den Blickpunkt. Ein neu aufgestelltes Projektteam muss sich als Arbeitsgemeinschaft erst zusammenfinden und hierarchisch ordnen. Ohne rangdynamische Konflikte findet das nicht statt.[5] Die Ausprägung dieser Rangdynamiken hat Einfluss auf den Arbeitserfolg und die Produktivität des Teams.[6] Sie beeinflussen die Leistungsfähigkeit, die Motivation und das Wohlbefinden der Gruppenmitglieder. Das hat auch Auswirkungen auf die Innovationskraft und somit das Wachstum der Organisation.[7]

Im agilen Arbeitsumfeld der New Work ist es für Führungskräfte und Coaches elementar, die Rollenverteilung und das Beziehungsgeflecht in Arbeitsgruppen analy-

---

[1] Vgl. Hofert (2017), S. 22 f.; Werro (2017), S.1.
[2] Vgl. Parent-Thirion et. al. (2008), S. 56ff.
[3] Vgl. Kauffeld (2014), S. 87.
[4] Vgl. Stahl (2017), S. 21.
[5] Vgl. Tuckman (1965), S. 384ff.
[6] Vgl. Lippmann et. al. (2019), S. 79fff.
[7] Vgl. Brodbeck (2007), S. 415ff.

sieren zu können. Für das Verständnis von Konflikten in Teams müssen sie nachvollziehen können, was sie auslöst und unter welchen Umständen sie entstehen. Informelle Strukturen und Führung spielen für die Zusammenhänge eine wesentliche Rolle. Für die Weiterentwicklung von Teams ist das Verständnis von rangdynamischen Prozessen ebenfalls sehr bedeutend.[8]

Eine methodisch geleitete Betrachtung der Zusammensetzung von Projektteams, unter Berücksichtigung rangdynamischer Prozesse ist, Stand heute, nicht möglich. Ein Instrumentarium zur methodisch geleiteten Analyse von rangdynamischen Prozessen liegt bisher nicht vor. An dieser Stelle setzt die vorliegende Forschungsarbeit mit dem Ziel an, diese Lücke zu schließen.

1.1 Zielstellung

Zu Beginn braucht es einen tiefen Einblick in die internen Abläufe und das Zusammenarbeiten von Gruppen. Teams nur mit fachlichen Spezialisten zu besetzen, ist nicht ausreichend. Die Soft Skills der Teammitglieder, ihr Charakter und die Ausprägung ihrer Persönlichkeitseigenschaften tragen stark zur gelungenen Teamarbeit bei.[9] Zusätzlich zur fachlichen Qualifikation müssen daher ihre Interaktions-, Konflikt- und Führungsfähigkeiten berücksichtigt werden.

Die ablaufenden rangdynamischen Prozesse lassen sich beobachten. Aber eine einheitliche Methode zur transparenten Darstellung und Einordnung dieser Prozesse fehlt hingegen bisher. Aus diesem Grund entsteht die folgende Forschungsfrage:

Wie kann methodisch vorgegangen werden, um rangdynamische Prozesse, Rollen und Verhaltensmuster zuverlässig zu identifizieren?

Teilfragen, die zur Beantwortung der übergeordneten Forschungsfrage beitragen sollen, sind:

1. Sind die einzelnen Komponenten der erarbeiteten Methodik in sich konsistent und zeigen sie bei der Identifikation bestimmter rangdynamischer Rollen gleichlautende Ergebnisse an?
2. Welchen Lehren können aus einer experimentellen Erprobung der Methodik gezogen werden?
3. Wie muss diese Methodik gegebenenfalls angepasst werden, um in einer größer angelegten Versuchsreihe relevante Ergebnisse zu erzielen?

---

[8] Vgl. Bachmann (2020), S. 8f.
[9] Vgl. König, Schattenhofer (2020), S. 10.

4. Welche Aussagen können auf der Basis einer experimentellen Erprobung über die Eignung der vorliegenden Modelle zur Beschreibung der auftretenden, rangdynamischen Verhaltensmuster in der Realität gemacht werden?

Zur Beantwortung dieser Fragestellungen wird in dieser Forschungsarbeit eine Methodik zur Validierung rangdynamischer Modelle geschaffen.

Die vorliegende Arbeit ist dem Bereich der Wirtschaftswissenschaften zuzurechnen. Es ist an dieser Stelle klarzustellen, dass die Evaluierung einer solchen Methodik keinen Anspruch auf Allgemeingültigkeit erhebt. Sie sollte deshalb nicht unreflektiert in anderen wissenschaftlichen Bereichen zur Beweis- oder Nachweisführung über den Sinn und Nutzen anders gelagerter Modelle herangezogen werden.

Der Terminus der Validierung ist in dieser Abschlussarbeit nicht auf den reinen quantitativen Blick auf die Daten beschränkt, wie es möglicherweise in anderen Forschungszweigen der Fall wäre. Die Validierung steht in dieser Forschung für die praktische Überprüfung, ob Typen und Rollen aus rangdynamischen Modellen widergespiegelt werden können. Exemplarisch angewandt wird diese Methodik auf das Modell von Vatter, das in Kapitel 2.5.2. genauer vorgestellt wird.

1.2 Vorgehensweise

Zu Beginn der Arbeit wird eine grundlegende Literaturanalyse durchgeführt, um den Kontext der Forschung darzustellen. Dazu wird das Arbeitsumfeld der VUCA-Welt im Zuge der New Work-Bewegung beschrieben. Agilität und davon abgeleitet das agile Projektmanagement sind Ausprägungen davon. Weitere theoretische Grundlagen werden mit dem Einstieg in die Sozialforschung von Gruppen, die Abgrenzung von Gruppen und Teams, sowie der theoretischen Betrachtung von Führungs- und Konfliktverhalten geschaffen.

Es folgt der theoretische Einstieg in die Forschung zur Rangdynamik in Gruppen. Lewin, Moreno und Schindler waren zentrale Wegbereiter dieses Forschungsstrangs. Auf ihren Grundlagen basieren viele Erkenntnisse hinsichtlich der Lebendigkeit von zwischenmenschlichen Prozessen in Gruppen und deren Messbarkeit. Anschließend findet eine kurze Darstellung von Schindlers Rangdynamik-Modell statt. Vatter entwickelte sein Modell in dessen Anlehnung. Sein Modell wird detailliert erläutert, weil es im Fokus der Entwicklung einer Methodik zur Validierung rangdynamischer Modelle steht.

Nach einem kurzen Exkurs in die aktuellen Forschungen zur Rangdynamik, wird die entworfenen Evaluierungsmethodik zur Validierung rangdynamischer Modelle vorgestellt. Das beinhaltet die Gütekriterien der Forschung und die Darlegung des

Forschungsansatzes der Triangulation. Dieser Ansatz besteht in diesem Fall aus einem Methodenmix dreier, quantitativer Forschungsmethoden. Die Beobachtung eines Planspiels, als zentrales Instrument, wird in der Folge am detailliertesten beschrieben. Die beiden flankierenden Fragebögen werden kurz vorgestellt. Ihre Einbindung in die Gesamtkonstellation der Forschung wird ebenfalls erläutert.

Die Überprüfung der erarbeiteten Methodik findet in einer experimentellen Erprobung statt. Sie wird einem Praxistest unterzogen, dessen Aufbau und Durchführung detailliert beschrieben werden. Für den folgenden Diskussionsteil der Arbeit sind die Erkenntnisse aus dem Experiment sehr wichtig. Daraus können die Entwicklungspotentiale und Schlüsse für die Praxistauglichkeit der Methodik bei einer größer angelegten Studie gezogen werden. Die erhaltenen Erfahrungswerte dienen zur Beantwortung der aufgeworfenen Forschungsfragen. Mit einer Zusammenfassung und einem Ausblick, wie die Ergebnisse der Arbeit weiterverwendet werden können, wird die Forschungsarbeit abgeschlossen.

2 Theoretische Grundlagen

Einige zentrale Begrifflichkeiten der Arbeit werden im Alltag verwendet, ohne dass Einigkeit über deren Bedeutung besteht. In der Psychologie, den Sozialwissenschaften und den Wirtschaftswissenschaften werden bestimmte Begriffe unterschiedlich gedeutet. Das ist dem Blickwinkel des jeweiligen Forschungsbereichs geschuldet. Es ist notwendig, diese im Rahmen der Forschung zuvor klarzustellen. Dafür werden verschiedene Definitionen aus der psychologischen und sozialwissenschaftlichen Literatur gegenübergestellt.

2.1 New Work

Im Umfeld der Wirtschaft und den Führungsebenen von Unternehmen regt New Work zu einem Umdenken und einem neuen Verständnis von Arbeit an. Im Kern beinhaltet dieser Ansatz die Selbststeuerung im Arbeitsalltag durch den Mitarbeiter. Intrinsisch motivierte Menschen beschäftigen sich mit für sie sinnstiftenden Tätigkeiten nach eigener Gestaltung und unter Berücksichtigung ihrer Stärken. Unter dem Licht von New Work richten Unternehmen das eigene Geschäftsmodell und die Mitglieder ihrer Organisation auf die Anforderungen der VUCA-Welt neu aus. Es muss das Verständnis für schlanke, digitale Prozesse der neuen Welt der Arbeit entwickelt und verinnerlicht werden, um wettbewerbsfähig zu bleiben. Zentral dabei ist die Begegnung auf Augenhöhe von Führungskräften und Mitarbeitern.[10]

Drei Punkte stehen bei der Entwicklung hin zu New Work im Fokus:

1. die Strategieumsetzung des Unternehmens
2. die Individualisierung
3. die Agilität

Die Umsetzung einer Strategie findet schneller statt, wenn sie von allen Beteiligten - vom Top-Management bis zum einzelnen Mitarbeiter - verinnerlicht wurde. Der Einfluss des Commitments durch die Mitarbeiter ist dabei nicht zu vernachlässigen. Werden die Mitarbeiter bei der Erarbeitung der Unternehmensstrategie mit eingebunden, löst dies eine breitere Zustimmung aus. Das verstärkt die Bereitschaft der Beschäftigten, bei der Umsetzung der Strategie stärker mitzuwirken. Das mittlere Management trägt dabei eine Schlüsselrolle. Auf dieser Ebene können die meisten Informationen

[10] Vgl. Hofert (2017), S. 3.; Laloux (2017), S. 19ff.

bei der Weitergabe der Strategie an die Mitarbeiter verloren gehen. Der Transport der Informationen vom Top-Management zum Sachbearbeiter findet dort statt.

Die Individualisierung zielt auf die Auseinandersetzung des Unternehmens mit den Bedürfnissen der einzelnen Mitarbeiter ab. Je besser der Arbeitgeber seine Belegschaft kennt, desto besser kann er seine Personalmaßnahmen an die einzelnen Mitarbeiter anpassen. Diese individuellere Behandlung der Menschen im Unternehmen stärkt einerseits die Verbundenheit zum Unternehmen und somit die Mitarbeiterbindung. Auf der anderen Seite fördert sie die Attraktivität des Arbeitgebers am Arbeitsmarkt für potenzielle Bewerber.[11]

2.2 Agiles Projektmanagement in der VUCA-Welt

Über die Agilität, schreibt Hofert: „Agilität ist die Fähigkeit von Teams und Organisationen, in einem unsicheren, sich verändernden und dynamischen Umfeld flexibel, anpassungsfähig und schnell zu agieren. Dazu greift Agilität auf verschiedene Methoden zurück, die es Menschen einfacher machen, sich so zu verhalten."[12] Hackl et. al. ergänzen, dass Agilität die Fähigkeit zur permanenten Anpassung und Gestaltung sich wandelnder Marktstrukturen ist.[13] Agil zu sein bedeutet, aus Veränderungen erwachsende Chancen und Risiken zu erkennen und die eigenen Handlungen immer wieder daran auszurichten. Wesentlich dabei ist, fortwährend aus den gemachten Erfahrungen zu lernen und zukunftsorientiert zu handeln.[14] Das Ziel muss es sein, in einer an Komplexität gewinnenden Welt möglichst frühzeitig und kontinuierlich nutzbare Ergebnisse zu liefern.[15] Das Konzept der Agilität mit seinen Werten und Prinzipien steht dabei im Kontrast zur „Command and Control"-Methodik streng hierarchisch organisierter Unternehmen.

Hofert liefert Auflistungen zu den agilen Werten und Prinzipien:

Werte

1. Selbstverpflichtung (Commitment)
2. Rückmeldung (Feedback)
3. Fokus (Focus)
4. Kommunikation (Communication)
5. Mut (Courage)
6. Respekt (Respect)
7. Einfachheit (Simplicity)
8. Offenheit (Openess)

---

[11] Vgl. Hackl et. al. (2017), S. 96ff.
[12] Vgl. Hofert (2017), S. 5; Redmann (2017), S. 33.
[13] Vgl. Hackl et al. (2015), S. 30ff.
[14] Vgl. Redmann (2017), S. 33.
[15] Vgl. Buhse (2018), o.S.

Prinzipien

1. Adaption
2. Aktive Einbindung
3. Arbeit sichtbar machen
4. Baby-Schritte
5. Empowerment
6. Experimentieren
7. Iteration
8. Kontinuierliche Verbesserung
9. Flow
10. Zusammenarbeit
11. Ökonomie
12. Reflexion
13. Sagen statt Fragen
14. Sinn stiften
15. Selbstorganisation
16. Verantwortung
17. Verschwendung vermeiden
18. Vielfalt[16]

Die agilen Werte und Prinzipien waren und sind noch ein wesentlicher Teil einer weltweiten Entwicklung der Arbeitswelt. Nachdem im 19. Jahrhundert eine Revolution der Werkzeuge stattfand, folgte im 20. Jahrhundert die Revolution der „Denkzeuge". Dabei sollen die Individuen der Informationsgesellschaft befähigt werden, in ihrem Arbeitsumfeld selbstorganisiert und kreativ zu handeln.[17]

Die Umwelt, in der diese einschneidende Entwicklung geschieht, wird häufig als „VUCA-Welt" bezeichnet. Das Akronym „VUCA" ist wie folgt definiert:

- Volatility (Volatilität)
  eine Umwelt mit häufigen Veränderungen und Schwankungen
- Uncertainty (Unsicherheit)
  die damit einhergehende Unsicherheit, auf Grund ungewisser Situationen und der Unvorhersehbarkeit von Ereignissen
- Complexity (Komplexität)
  Vielzahl und Vielfalt situativer Elemente, welche miteinander interagieren beziehungsweise sich gegenseitig beeinflussen
- Ambiguity (Mehrdeutigkeit)
  situative Mehrdeutigkeit, die zu einer widersprüchlichen Umwelt führt, in welcher Schwierigkeiten bestehen, Entscheidungen zu treffen, weil die Wechselwirkungen der getroffenen Entscheidungen nicht abzusehen sind.[18]

Es ist häufig unklar, wie Aufgaben konkret zu erfüllen sind und ob das für den Projekterfolg erforderliche Wissen und die Ressourcen bereitgestellt werden können. Die Anforderungen ändern sich schnell, sind vielschichtig und komplex: Viele Einflussfaktoren wirken wechselseitig und teils unvorhersehbar aufeinander ein. Deswegen

[16] Vgl. Hofert (2017), S. 12.
[17] Vgl. Erpenbeck et al. (2017), S. XIVf.
[18] Vgl. Hackl et. al. (2017), S. 86f.

lassen sich die Arbeitsleistungen vorab nicht im Detail in ihrer Reihenfolge definieren und planen.[19]

Mit agilen Frameworks, wie Kanban und Scrum, reagiert das Projektmanagement darauf. Diese Rahmenwerke geben dem Projekt Struktur und dienen als Leitplanken und Regelwerk. Die Rollen der Projektbeteiligten, ihr Handlungs- und Verantwortungsbereich sind dadurch definiert. Die iterative Vorgehensweise ermöglicht Projektfortschritt und bietet gleichzeitig die Chance, das vorliegende Produkt zu erproben. Fehler oder benötigte Anpassungen können früh entdeckt und schnell behoben werden, ohne das gesamte Projekt zu blockieren.[20] Das Hauptaugenmerk im agilen Projekt liegt auf kurzen Entwicklungsschritten. Sie erfolgen in fix vorgegebenen Zeitintervallen, mit dem Fokus auf dem Kundennutzen, inklusive eines permanenten Verbesserungsprozesses.[21] Die schnelle Anpassung an sich ändernde (Markt-) Bedingungen der VUCA-Welt ist auf dem agilen Weg leichter zu bewerkstelligen als in klassischen Projekten.[22]

Das Projektmanagement dient seines Zeichens zur Abwicklung abgegrenzter Projekte innerhalb einer Organisation und ist verantwortlich für ihren erfolgreichen Abschluss. Für das Projekt müssen Ressourcen aus der Organisation bereitgestellt werden.[23] Es ist aber nicht zwingend erforderlich, dass alle Teammitglieder der gleichen Organisation angehören.[24]

Bei einer Organisation handelt es sich um ein, seiner Umwelt gegenüber, offenes System, das zeitlich überdauernd existiert, spezifische Ziele verfolgt, gleichzeitig ein soziales Gebilde ist, das sich aus Individuen und Gruppen zusammensetzt. Parallel dazu weist es eine spezifische Struktur auf. Meistens ist dies durch Arbeitsteilung und eine hierarchische Verantwortungsverteilung gekennzeichnet.[25] Ein Projekt muss folgende Voraussetzungen erfüllen:

1. Klarheit über das Ziel des Vorhabens.
2. Einmaligkeit oder Neuartigkeit des Vorhabens
3. Komplexität der Aufgabe.
4. Prozesscharakteristik der Lösung.
5. Terminierbarkeit der Arbeiten
6. Mehrere Personen sind an der Lösung beteiligt
7. Begrenztheit der verfügbaren Ressourcen und der Zeit[26]

[19] Vgl. Mütze-Niewöhner et. al. (2018), S. 681ff.
[20] Vgl. Schütt (2015), S. 123.
[21] Vgl. Chenet et al. (2018), S. 71ff.
[22] Vgl. Kottenhagen (2014), o.S.
[23] Vgl. Scholl (2007), S. 515ff.
[24] Vgl. Kauffeld, Schulte (2019), S. 211ff.; Wagemann et. al. (2012), S. 301-315.
[25] Vgl. Rosenstiel, Nerdinger (2011), S. 364-460.
[26] Vgl. Jakoby (2019), S. 2.

Zur Bearbeitung von Projekten werden Teams zusammengestellt, weil unterschiedliche Kompetenzen und Expertisen von Spezialisten zu ihrer Bewältigung notwendig sind. Das Projektteam wird nach Erfüllung seiner Aufgabe(n) wieder aufgelöst. Dem Projektteam sollte ausreichend Autonomie bei der Arbeitsplanung und -ausführung eingeräumt werden.[27]

Abbildung 1: Unterschiede Agil-iterativer und klassischer Projektplanung

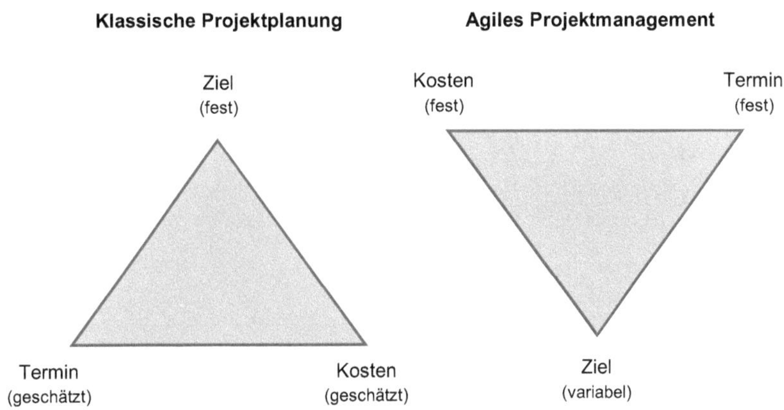

Quelle: Eigene Darstellung in Anlehnung an Hofert, Unterschiede Agil-iterativer und klassischer Projektplanung 2017, S. 7

Im Kontext der VUCA-Welt ist die Offenheit gegenüber agilem Arbeiten unter dem Stern der New Work wichtiger denn je. Die Ausprägungen des agilen Projektmanagements, die dort ihre Anwendung finden, sind sehr häufig auf die Zusammenarbeit in Projektteams ausgelegt. Umso wichtiger ist es, Arbeitsteams funktional zusammenzustellen und die Mitarbeiter zu befähigen, sich in diesem Arbeitsumfeld zurechtzufinden. Ein klares Verständnis innerhalb der Organisationen über die Rahmenbedingungen muss dafür vorhanden sein. Der Einfluss von gruppendynamischen Prozessen zur funktionierenden Zusammenarbeit unterschiedlicher Charaktere in den Teams ist dabei nicht zu unterschätzen.

[27] Vgl. Mütze-Niewöhner et. al. (2018), S. 681ff.

2.3 Gruppen

Gruppen bauen in erster Linie auf ihren Mitgliedern auf. Dies bringt eine hohe Komplexität in der Zusammensetzung von Arbeitsgruppen mit sich. Gleichzeitig ist man sich in der Sozialpsychologie aber bewusst, mit welch hoher Priorität diese Zusammensetzung für ihren Erfolg angegangen werden muss. Die sozialpsychologische Forschung ist die Wissenschaft des Verhaltens des einzelnen in der Gesellschaft. Die Gruppenforschung ist dabei ein wesentlicher Teil. Sie versucht, Fragen nach der Zusammensetzung harmonischer Gruppen genauso zu beantworten, wie die Definition der optimalen Gruppengröße oder die wichtigsten Eigenschaften von Gruppenanführern zu identifizieren.[28]

2.3.1 Definition der Gruppe

Auf Grund der unterschiedlich gelagerten Betrachtung in den verschiedenen Forschungsbereichen, gibt es eine ganze Reihe von Definitionen des Gruppenbegriffs.

Tabelle 1: Definitionen des Begriffs Gruppe

Buss	1. Kooperative Koalitionen aus mehr als zwei Personen 2. Dienen zur Erreichung eines gemeinsamen Ziels durch gemeinsame Handlungen 3. Im Laufe der Evolution haben sich psychologische Verfahren entwickelt, um die Bildung von Zusammenschlüssen zu fördern
Stahl	Die Gruppe zeichnet sich durch ein zielgerichtetes und abgestimmtes Miteinander aus.
Rechtien	1. 3 bis 25 Personen 2. Face-to-face Kommunikation 3. Übereinstimmende Ziele und Werte 4. Aufeinander bezogene Rollen, Funktionen und Positionen 5. Zeitliches Bestehen ohne Mindestzeitraum
Kozlowski und Bell	1. Mindestens zwei Personen 2. Interaktion zwischen den Gruppenmitgliedern 3. Existenz von Gruppennormen 4. Vorherrschen einer Rollendifferenzierung und Struktur

[28] Vgl. Sader (2008), S. 18ff.

	5. Abgrenzung der Gruppe nach Außen 6. Gemeinsame Aufgabe(n) 7. Zeit überdauernde Stabilität 8. Gemeinsame Identität
König und Schatten-hofer	1. Kleingruppen bestehen aus drei bis 20 Mitgliedern 2. Gemeinsame Aufgabe oder Ziel 3. Face-to-Face-Kommunikation 4. Dauer des Bestehens von drei Stunden bis hin zu vielen Jahren 5. Wir-Gefühl der Gruppenzugehörigkeit 6. Gemeinsame Normen und Werte als Grundlagen der Kommunikation und Interaktion 7. Gruppenrollen der Mitglieder sind auf das Gruppenziel ausgerichtet
Lewin	„Eine Gruppe ist am besten zu definieren als ein dynamisches Ganzes, das mehr auf gegenseitiger Abhängigkeit als auf Ähnlichkeit beruht."
Schindler	„Das Phänomen Gruppe entsteht, wenn mehr als zwei Menschen sich gegenüber einem gemeinsamen Ziel zu einem Aktionswillen zusammenschließen"

Quelle: Eigene Darstellung[29]

Der Unterschied zwischen Groß- und Kleingruppen liegt laut Freimuth und Schütte nicht nur in der Anzahl von Personen, sondern auch darin, dass Kleingruppen ein Gefühl von Überschaubarkeit und kontrollierbarer Nähe vermitteln. Das wiederum geht bei großen Gruppen verloren.[30] König und Schattenhofer definieren Gruppen von drei bis 20 Mitgliedern als Kleingruppen.[31] Sader beschränkt eine Kleingruppe auf sechs Personen. Ab einer Anzahl von 25 Personen spricht auch er von einer Großgruppe.[32]

Die eine Gruppenstruktur gibt es dabei laut Sader nicht. Sie besteht aus mehreren Dimensionen. Es ist schwer, alle Dimensionen gleichzeitig angemessen zu erheben und dann in Relation zu setzen. Er unterteilt sie daher in Attraktions- und Kohärenzstruktur, in Koalitionsstruktur und in die Kommunikations- und Führungsstruktur.[33]

Soziale Normen hingegen definieren die akzeptierten Verhaltensweisen der Gruppe. Ihre Akzeptanz in der Gruppe steht im Vordergrund. Es ist im Interesse aller

[29] Vgl. Buss, Hoffrage (2004), S. 362; Stahl (2017), S. 30; König, Schattenhofer (2020), S. 15ff.; Lewin (1953), S. 256; Schindler (1957), S. 227.
[30] Vgl. Freimuth, Schütte (2016), S. 50ff.
[31] Vgl. König, Schattenhofer (2020), S. 15ff.
[32] Vgl. Sader (2008), S. 39.
[33] Vgl. ebd., S. 53.

Gruppenmitglieder, diese frühzeitig zu erfahren, um negative Konsequenzen für sich zu vermeiden. Normen helfen bei der Orientierung in der Gruppe und bei der Regulation sozialer Interaktionen.[34]

Menschen verwenden große Anstrengungen darauf, in ihrem Umfeld nicht in Ungnade zu fallen. Das benachteiligt sie in der Interaktion mit anderen.[35] Die Hauptdeterminante des menschlichen Verhaltens ist die soziale Situation. Sie hat größeren Einfluss auf die Menschen als ihre Persönlichkeit, ihre Lernerfahrungen oder ihre Wertevorstellungen. Situationen werden häufig von Regeln bestimmt. Diese müssen dabei nicht immer explizit genannt sein, sondern können auch durch die gesellschaftliche Prägung implizit vorausgesetzt sein.[36]

Eine Gruppe ist auch ein Ort, an dem persönliche Ziele verfolgt werden. Unter der Berücksichtigung, dass persönliche Ziele gemeinsam mit anderen leichter zu erreichen sind, schließen sich Menschen in Gruppen zusammen. Die Gruppenmitglieder geben ihre persönlichen Ziele in den Gruppenzielpool ein. Die Ziele Einzelner wirken in diesem Pool aufeinander ein oder sind miteinander verbunden.[37]

Die Gruppenziele müssen strukturiert und priorisiert werden. Die Gruppe kann nur effektiv in eine Richtung arbeiten. Dazu muss sie gelenkt werden. Auf welches Ziel, auf welche Art und Weise und mit wessen Beteiligung soll daraufhin gearbeitet werden. Die Zielausrichtung kann auf drei Arten bestimmt werden. Selbstorganisiert ergibt sich dies während des Arbeitens. Gezielt kann es durch einen Gruppenführer vorgegeben werden. Am kooperativsten ist es, wenn die Ziele selbstgesteuert, gemeinsam in der Gruppe beschlossen werden.[38] Der Umgang mit den persönlichen Zielen ist je nach Person sehr individuell. Das beginnt bereits bei der Entscheidung über die Bekanntgabe oder die Geheimhaltung der Ziele und setzt sich über die gewählte Strategie zu deren Erreichung fort. Öffentlich gemachte Ziele stehen somit auch verborgenen Zielen gegenüber. Je nach Rolle der Person in der Gruppe und ihrem Einfluss werden Ziele aber auch bewusst öffentlich gemacht und diese verfolgt.[39] Die handelnden Akteure instrumentalisieren andere Gruppenmitglieder, um den eigenen Handlungsspielraum zu erweitern. Die Verfolgung ihrer individuellen Ziele genießt dabei Vorrang.[40] Sind persönliche Ziele mit den Gruppenzielen oder Werten nicht vereinbar, riskiert der Inhaber ihr Ausschluss aus der Gruppe.[41]

[34] Vgl. Gerrig, Zimbardo (2018), S. 673.
[35] Vgl. Fisek, Ofshe (1970), S. 327ff.
[36] Vgl. Gerrig, Zimbardo (2018), S. 670.
[37] Vgl. Stahl (2017), S. 35.
[38] Vgl. ebd., S. 37f.
[39] Vgl. ebd., S. 59ff.
[40] Vgl. Kauffeld (2014), S. 87.
[41] Vgl. Stahl (2017), S. 59ff.

Tabelle 2: Vier-Phasen-Modell der Gruppenentwicklung nach Tuckman

Forming-Phase Einstiegs- und Findungsphase	Die Gruppenmitglieder lernen sich kennen und treten miteinander in Kontakt. Es geht darum, sich untereinander einschätzen zu können.
Storming-Phase Auseinandersetzungs- und Streitphase	Die Hierarchien und die Machtverhältnisse in der Gruppe werden geklärt. Es kommt zu Konflikten, wenn Gruppenmitglieder um ihren Einfluss auf die Ausrichtung der Gruppeziele konkurrieren.
Norming-Phase Regelungs- und Übereinkommensphase	Die Arbeitsfähigkeit der Gruppe wird hergestellt, indem die Ergebnisse der Storming-Phase manifestiert werden. Die Rollenzuteilung der Gruppenmitglieder hat stattgefunden und die Regeln für die Kommunikation und die Arbeitsweise, werden festgelegt.
Performing-Phase Arbeits- und Leistungsphase	Die Gruppe kümmert sich um die Erreichung der wichtigsten Gruppenziele. Die Gruppenmitglieder bringen sich entsprechend ihrer Rolle in die Gruppenarbeit ein.

Quelle: Eigene Darstellung in Anlehnung an Tuckman, Vier-Phasen-Modell, 1965. S. 384ff.

Es steht sehr häufig die Frage im Raum, was „gute Gruppen" auszeichnet. Für König und Schattenhofer sind das ein großer Gruppenzusammenhalt, die Gleichheit der Mitglieder in ihrer Behandlung und ein angenehmes, konfliktarmes Gruppenklima.[42]

Irle gibt 1975 Gründe dafür an, warum es Sinn macht, darauf zu achten. Kooperative Gruppen bearbeiten anstehende Aufgaben häufig gemeinsam und koordinieren ihre Handlungsschritte öfter als kompetitive Gruppen. Sie legen eine höhere Kommunikationsrate an den Tag und die Zielrichtung und -entfernung der Gruppe liegen in kooperativen Gruppen oft näher beisammen. Durchschnittlich führt das nach Irle zu einer höheren Produktivität in kooperativen Gruppen. Nebenbei steigt das Wohlbefinden in der Gruppe durch freundlicheres und weniger feindseliges Verhalten.[43]

Das Streben nach einem funktionierenden Gruppegefüge hat im Arbeitsumfeld mehrere Gründe. Funktionale Gruppen leisten einen großen Beitrag zum Wohlbefinden der Mitarbeiter. Sie führen zu einer höheren Qualität der Arbeit und mehr Innovationen. Darüber hinaus empfinden Menschen weniger Stress, weil sich die Arbeitslast auf die Mitglieder verteilt. Das psychologische Grundbedürfnis nach Anschluss und Zugehörigkeit wird ebenfalls befriedigt.[44]

---

[42] Vgl. König, Schattenhofer (2020), S. 55.
[43] Vgl. Irle (1975), S. 428.
[44] Vgl. Wegge (2004), S. 13ff.

Gruppen sind komplexe Systeme. Das Zusammenkommen unterschiedlichster Charaktere und das Einbinden ihrer individuellen Zielvorstellungen sorgen für eine große Individualität in der Ausprägung von Gruppenstrukturen. Das Gruppengefüge unterliegt vielen dynamischen Einflussfaktoren von innen und außen. Rollenmodelle erleichtern die Vorstellung der Gruppenstrukturen und ihre rangdynamische Betrachtung soll in dieser Arbeit validiert werden.

2.3.2 Definition von Teams als Sonderform der Gruppe

Nachdem das Umfeld der Forschung die Arbeitswelt ist und in dieser die Begriffe Projektteam und Projektgruppe häufig gleichlautend verwendet werden, soll hier eine genauere Unterscheidung stattfinden. Aufbauend auf den Definitionen der Gruppe muss ein Team einige zusätzliche Voraussetzungen erfüllen.

Es handelt sich zwar bei jedem Team um eine Gruppe, jedoch nicht bei jeder Gruppe um ein Team. Die Kooperation der Teammitglieder dient der Erreichung eines gemeinsamen Ziels. Dem Team steht dafür über einen bestimmten Zeitraum ein gewisser Handlungsspielraum zur Verfügung, um eine arbeitsfähige Gruppe zu entwickeln. Teams sind gleichzeitig Arbeitsinstrument und soziales Gefüge mit eigener Dynamik. Dies hat Auswirkungen auf die einzelnen Teammitglieder und beeinflusst ihre Zusammenarbeit und ihre objektive Reflexionsfähigkeit. Mit der steigenden Verbreitung von Projektgruppen und teilautonomen Arbeitsgruppen hat der Teambegriff an Bedeutung gewonnen.[45]

Die Entwicklungen neuer Informations-, Kommunikations- und Fertigungstechnologien haben die Verbreitung von Arbeitsteams begünstigt. Der zunehmende Bedarf an Kooperation zwischen verschiedenen Experten, aufgrund der wachsenden strukturellen Komplexität und vernetzter Technologien, kommt noch hinzu. Der Wertewandel und der Wunsch der Mitarbeiter nach ganzheitlichen Arbeitsinhalten, Dezentralisierung von Entscheidungen, Verantwortungsübernahme und dem Aufbau sozialer Beziehungen sprechen ebenfalls für den Ausbau von Teamarbeit in Organisationen.[46]

Teams sind stark auf Aufgaben bezogene Gruppen. Sie werden explizit zu deren Bearbeitung fachlich und personell passend zusammengestellt.[47] Sie bestehen aus mehreren Personen, die miteinander interagieren und voneinander abhängig sind. Ein Team zeichnet ein Wir-Gefühl aus. Es wird durch sich und andere als eine Gruppe wahrgenommen.[48]

---

[45] Vgl. König, Schattenhofer (2020), S. 18f.
[46] Vgl. Kauffeld (2001), S. 4ff.
[47] Vgl. Werro (2017), S. 19.
[48] Vgl. Kauffeld (2001), S. 4ff.

Tabelle 3: Vier Dimensionen der Teamarbeit

Spezialisierung	Eine hohe Ausprägung spricht für viele Spezialisten im Team. Es bedarf Zeit, um die entsprechenden Spezialisierungen auszuprägen oder diese ersetzen zu können. Eine geringe Ausprägung spricht für ein Team aus Generalisten.
Hierarchie	Starke Ausprägungen bedeutet, dass es eine oder wenige vorherrschende Führungspersonen im Team gibt. Schwache Ausprägungen stehen für eine Entscheidungsfindung im Konsens.
Beständigkeit	Sie prägt die Stabilität des Teams über die Zeit. Ein hoher Wert deutet auf eine gemeinsame Vergangenheit und Zukunft der Teammitglieder und wenig Fluktuation im Team hin.
Integration	Ein hoher Wert symbolisiert eine starke Verwurzelung der Arbeitsgruppe innerhalb ihrer Organisation. Projektteams existieren eher parallel zur Organisation und weisen deshalb niedrige Werte auf.

Quelle: Eigene Darstellung in Anlehnung an Hollenbeck et. al., Dimensionen der Teamarbeit, 2012, S. 82 ff.

Folgende Voraussetzungen müssen für erfolgreiche Teamarbeit vorliegen:

- Es liegt ein Arbeitsauftrag vor, der Kooperation erfordert
- Die Ausführungsbedingungen ermöglichen Kommunikation
- Es gibt ausreichende Handlungs- und Entscheidungsspielräume
- Es stehen ausreichend zeitliche und materielle Ressourcen zur Verfügung
- Die Arbeitsmittel und Unterstützungssysteme sind für den Auftrag geeignet[49]

Im Idealfall weisen Arbeitsteams die besten Voraussetzungen und Strukturen auf, um Wissen zu generieren und zu teilen, sowie das Leistungsvermögen und die Zufriedenheit der Mitarbeiter zu verbessern.[50]

Entscheidende Erfolgsfaktoren der Teamarbeit sind:

- Die Teilleistungen der Individuen müssen sichtbar zum Erfolg der Gruppe beitragen und identifizierbar sein. Sie müssen herausgestellt werden können.
- Die Gruppenrollen der Individuen müssen bedeutsam und einträglich sein.

[49] Vgl. Mütze-Niewöhner et al. (2021), S. 4.
[50] Vgl. Tannenbaum et. al. (1996), S. 504.

- Die Teamaufgabe muss interessant und inspirierend für das Team sein. Sie muss mit klaren Zielen versehen sein, damit sie als Gradmesser für angemessenes Feedback herangezogen werden kann.
- Die Organisationsstruktur muss förderlich für die Teamarbeit sein.[51]

Während Gruppen sich willkürlich und auch spontan bilden können, entstehen Teams in einem bewussten und zielorientierten Prozess. Ihre Bedeutung, gerade in der Arbeitswelt, hat zugenommen. Umso wichtiger ist das Wissen um gute Voraussetzungen für ihre Funktionalität und ihren Erfolg. Die Zusammensetzung eines Arbeitsteams trägt stark dazu bei. Das Verständnis der gruppen- und rangdynamischen Prozesse, gerade informeller Teamstrukturen, sind dafür elementar. Diese richtig einschätzen zu können und Teams nach den richtigen Charakteren ihrer Mitglieder zusammenstellen, hat großen Einfluss auf den Projekterfolg.

2.3.3 Führung in Gruppen

In der Team- und Gruppenarbeit steht das Thema Führung immer im Mittelpunkt. Aus Sicht der Organisationspsychologen Wegge und Rosenstiel ist Führung eine Sammlung an Interaktionen, die eine absichtliche soziale Einflussnahme auf andere Personen darstellt, um eine gemeinsame Aufgabe im Kontext einer strukturierten Arbeitssituation zu bewältigen.[52]

Wenn von Führung gesprochen wird, ist der Begriff Macht nicht weit weg. Die Begriffe stehen in einer engen Beziehung. Kauffeld unterscheidet den Machtbegriff in formale und informelle Macht. Formale Macht entsteht aus einer hierarchisch gegebenen Position heraus, zum Beispiel durch die Position als Führungskraft in einem Unternehmen. Sie wird mit Autorität verbunden. Die informelle Macht entsteht im Verborgenen und spiegelt sich in Beziehungen und Netzwerken einer Person wider. Eine Sekretärin bestimmt beispielsweise, wer zu ihrem Vorgesetzten vorgelassen wird, ohne dass ihr die Macht darüber hierarchisch anzusehen ist.[53] Für Bachmann sind funktionale, informelle Strukturen ein Ergebnis der Interaktionen der Gruppenmitglieder, die auf ihrer Kommunikation, dem Umgang untereinander und deren Wahrnehmung basieren.[54]

In jeder Gruppe gibt es Individuen, die einen besseren Zugang zu wichtigen Ressourcen oder Einfluss auf Entscheidungen haben als andere.[55] Evolutionspsychologisch

---

[51] Vgl. Borrill et al. (2000), S. 364ff.
[52] Vgl. Wegge, Rosenstiel (2007), S. 476.
[53] Vgl. Kauffeld (2014), S. 84.
[54] Vgl. Bachmann (2020), S. 9.
[55] Vgl. Cummins (1998), S. 30ff.

betrachtet gibt es phänotypische Merkmale, die machtorientierte Menschen erkennen lassen. Mueller und Mazur beschreiben sie mit einem ausgeprägten Kinn, betont geschwungenen Augenbrauen, kombiniert mit muskulösen Gesichtszügen.[56] Bei großgewachsenen Männern fällt auf, dass diese eher befördert werden, durchschnittlich mehr Gehalt erhalten und eher in hohe Ämter gewählt werden.[57] Die Körpergröße korreliert mit dem sozialen Status. Einem großgewachsenen Mann wird von Fremden eher ein sozial höherer Status zugeschrieben als einem kleineren Mann.[58]

Wegge sieht darüber hinaus einen besonderen Anspruch an den Anführer einer Gruppe. Dieser muss in der Lage sein, Prozesse und Kräfte in der Gruppe zielgerichtet beeinflussen zu können. Davon hängt die Funktionalität des Teams ab. Nur so könne das volle Potenzial einer Gruppe ausgeschöpft werden.[59]

Die dafür benötigte Autorität von Führungskräften speist sich aus mehreren Quellen. Zum einen basiert sie auf dem Vertrauen der Gruppenmitglieder in die Führungskraft und der persönlichen Überzeugungskraft des Anführers. Weiterhin basiert sie auf der hierarchischen Stellung des Führers in der Gruppe und fußt unter Umständen auch auf dem Gruppenzwang der Mitglieder. [60]

Anhand des Verhaltens und der Interaktion der Gruppenmitglieder kann festgestellt werden, wer die Führungsposition in einer Gruppe besitzt. Rangdynamische Prozesse in Gruppen beeinflussen die Führungsverhältnisse. Über die Beobachtung von Führungsverhalten sind Rückschlüsse auf die Rollen der Mitglieder in der Gruppe möglich. Situative Änderungen der Machtverteilung können Anhaltspunkte für dynamische Verschiebungen in der Gruppenstruktur sein. Deshalb kommt der Betrachtung der Führungsposition in einer Gruppe bei der Validierung rangdynamischer Prozesse eine große Bedeutung zu.

2.3.4 Konflikte in Gruppen

Führungsansprüche in Gruppen werden selten von allen Beteiligten uneingeschränkt anerkannt. Daraus entwickeln sich Konflikte. Diese bilden einen Teil der Interaktionen in Gruppen ab. Anhand ihrer Analyse können Macht- und Beziehungsstrukturen in einer Gruppe beobachtet werden. Rang- und Verteilungskämpfe sind wesentliche Bestandteile rangdynamischer Prozesse und spielen deshalb im praktischen Teil dieser Arbeit eine große Rolle.

---

[56] Vgl. Mueller, Mazur (1996), S. 823ff.
[57] Vgl. Gillis (1982), o.S.
[58] Vgl. Dannenmaier, Thumin (1964), S. 361ff.
[59] Vgl. Wegge (2004), S. 97ff.
[60] Vgl. Stahl (2017), S. 62.

Konflikte sind Bestandteil des sozialen Lebens. Sie entstehen, wenn aus Erwartungen Handlungen von Individuen erfolgen, die für das Erreichen von Zielen anderer Betroffener im Widerspruch stehen. Im Zwiespalt zwischen der Erfüllung von Aufgaben und der Erreichung persönlicher Ziele entstehen sie zwischen Individuen in Gruppen. Nicht immer sind die Ziele des Projektes oder einer Organisation kompatibel mit den Individualzielen der Mitglieder. Konflikte lassen sich nicht immer vermeiden. Der Umgang mit ihnen kann von den Betroffenen aber beeinflusst werden.[61]

Nicht jede widersprüchliche Situation zwischen zwei oder mehreren Personen ist ein Konflikt. Das Empfinden von Unvereinbarkeit und das entsprechende Handeln sind Voraussetzungen für einen Konflikt. Besteht eine Interaktion zwischen Aktoren – Individuen oder Gruppen – und mindestens einer von ihnen empfindet die Unvereinbarkeit des Sachverhaltes mit dem anderen Aktor in der Art, dass im Realisieren eine Beeinträchtigung durch den anderen Aktor erfolgt, besteht ein Konflikt. Es genügt dabei, wenn ein beteiligter Aktor dies so wahrnimmt. Der Begriff selbst weist positive wie negative Konnotationen auf. Meistens sind Konflikte aber negativ behaftet.[62]

Schwarz hat die unterschiedlichen Formen von Konflikten strukturiert:

- Untergruppenkonflikte in einer Gruppe
- Territorialkonflikte
- Rangkonflikte
- Normierungs- und Bestrafungskonflikte
- Zugehörigkeitskonflikte
- Führungskonflikte
- Reifungs- und Ablösungskonflikte
- Substitutionskonflikte
- Loyalitäts- und Verteidigungskonflikte [63]

Konflikte können aber auch nach ihrem „Auslöser" kategorisiert werden. Zielkonflikte betreffen die strategische Ausrichtung der Organisation. Sie drehen sich um die Orientierung der Gruppe und um die Ausrichtung, welche Aufgaben als nächstes angegangen werden. Bei Verteilungskonflikten besteht Uneinigkeit über die Verteilung von Ressourcen zur Zielerreichung. Die Akzeptanz und Toleranz von Gruppenmitglieder drückt sich in Beziehungskonflikten aus.[64] Wertekonflikte wiederum betreffen die ethischen Überzeugungen und Glaubensfragen der Gruppe.[65]

Kauffeld ergänzt, dass aufgabenbezogene Konflikte entstehen, wenn sich die Teammitglieder über den Aufgabeninhalt uneinig sind. Es liegen verschiedene Sichtweisen

[61] Vgl. Schulz von Thun (2013), S. 117.
[62] Vgl. Glasl (2013), S. 13ff.
[63] Vgl. Schwarz (2014), S. 97ff.
[64] Vgl. Lippmann et. al. (2019), S. 774ff.
[65] Vgl. Schulz von Thun et. al. (2003), S. 52ff.

vor, welche die bevorstehende Aufgabe betreffen. Beziehungskonflikte hingegen beziehen sich auf zwischenmenschliche Unstimmigkeiten. Misstrauen, Angst, Ärger oder Frustration, sowie insgesamt negative Gefühle, können damit einhergehen.[66]

Wenn Konflikte entstehen, sind die Beteiligten meist daran interessiert, diese zu lösen. Drei populäre Konfliktlösungsstrategien sind die der Macht, des Rechts und der Interessen. Bei der zuerst genannten Strategie erzwingt der mächtigere Konfliktpartner oder eine Drittpartei eine Lösung. Bestimmte Machtmittel wie Geld oder Beziehungen werden zur Lösung des Konfliktes eingesetzt. Bei der zweiten Variante wird durch eine bestimmte Instanz entschieden, welche Konfliktpartei Recht bekommt. Ein Gericht oder ein Ältestenrat sind Beispiele für diese Instanz. Im dritten Fall geschieht die Konfliktlösung durch einen Interessensausgleich der Beteiligten. Die Interessen der Konfliktparteien werden zuvor eruiert und abgewogen. Die Häufigkeit der Umsetzung von Konfliktlösungen entspricht dieser Reihenfolge, obwohl ein umgekehrtes Verhältnis für dauerhafte Lösungen sinnvoller erscheint.[67]

Ist eine Lösungsstrategie gewählt, gibt es wichtige Voraussetzungen für die Realisierung der Problemlösung und Entscheidungsfindung. Die notwendige Autonomie des Teams garantiert Freiheiten, damit die Gruppe ihr Potential entfalten kann. Die Teilhabe aller Individuen an Entscheidungsprozessen sorgt für Akzeptanz der Beschlüsse und die Motivation diese einzuhalten. Die Identifikation mit der Gruppe führt in Kombination mit anspruchsvollen Zielen zu höheren Leistungen der Gemeinschaft.[68]

Der Umgang mit Konflikten in der Gruppe gibt Aufschluss darüber, ob Harmonie oder Konkurrenzdenken in der Gruppe vorherrscht. Für die Zuschreibung und Validierung von Rollen rangdynamischer Modelle ist die Betrachtung von Konflikten sehr aufschlussreich. Konflikte haben dabei einen großen Anteil an der Gruppendynamik und ihre Ausgänge geben Hinweise auf die informelle Hierarchie der Gruppe.

2.4 Gruppendynamik

Die Forschung im Bereich der Gruppendynamik hat sich im Verlauf der letzten 70 Jahre entwickelt. Entsprungen ist sie aus der Gruppenforschung der Sozialpsychologie unter Männern wie Lewin, Moreno und Schindler.

---

[66] Vgl. Kauffeld (2014), S. 158.
[67] Vgl. Schmidt, Berg (1995), o.S.
[68] Lippmann et. al. (2019), S. 420ff.

2.4.1 Entwicklung des Forschungsbereiches der Gruppendynamik

Vorreiter sozialpsychologischer Forschung waren Asch und seine Experimente zum Gruppendruck, Sherifs Experimente zu Gruppennormen und -konflikten, sowie Lewin als Mitbegründer der experimentellen Sozialpsychologie. Lewins Werke gehen dabei von Themen der Führung und Motivation bis hin zu Erkenntnissen in der Gruppenforschung, wie seine Feldtheorie oder seinem 3-Phasenmodell von Gruppen.[69]

Lewin, Moreno und Schindler gelten als Väter der gruppendynamischen Forschung.[70] Die geschichtliche Einordnung ihrer Forschungen zeigt, wie die Protagonisten sich gegenseitig beeinflussten. Lewin legte den Grundstein für die gruppendynamischen Forschungen in den USA. Er arbeitete in den 1930er Jahren an der Universität Stanford und später am MIT in Boston an experimentellen Feldforschungen. Geprägt durch seine deutsch-jüdische Herkunft, lag sein Schwerpunkt auf der Untersuchung des Einwirkens sich selbst steuernder Gruppen auf die Beeinflussung autoritärer Führungsstrukturen und die Dynamik rassistischer Diskriminierung.[71] Aus Zufallserkenntnissen gingen Lewins Forschungen zu gruppendynamischen Prozessen hervor.[72] Vorstellungen und soziale Verhaltensweisen innerhalb von Gruppen sind mittels Gruppendiskussionen und Gruppenentscheidungen besser beeinflussbar als mit Vorträgen und individuellen Gesprächen.[73] Ein großer Erfolg, dank Lewins Forschung, war die Gründung des „Research Center for Group Dynamics" am MIT 1945.[74]

Moreno wiederum ist bekannt für seine Gruppen- und Forschungskonzepte. Das Psychodrama und die Soziometrie der Gruppe stimmen mit den Ideen Lewins überein.[75] Morenos Soziometrie begann bei der Erforschung der Entwicklung und der Organisation der Gruppe und ihrer Individuen.[76] Damit versuchte er das Binnenverhältnis von Gruppenmitgliedern aufzudecken und analysierte die Strukturen der Beziehungen der Individuen. Durch die Anwendung seiner soziometrischen Tests klassifizierte Moreno die Personen und stellte zwischen ihrem Gruppenstatus Differenzen fest. Dazu gehören auch Langzeitstudien, um die Veränderung in den Beziehungen der Forschungssubjekte zu dokumentieren und zu bewerten.[77]

---

[69] Vgl. Sader (2008), S. 46f.
[70] Vgl. Bachmann (2017), S. 223.
[71] Vgl. Lewin (1939), S. 122.
[72] Vgl. Schwarz (2005), S. 350; König, Schattenhofer (2020), S. 11.
[73] Vgl. Luft (1977), S. 12.
[74] Vgl. Rechtien (2007), S. 12.
[75] Vgl. König, Schattenhofer (2020), S. 12.
[76] Vgl. Moreno (1996), S. 29.
[77] Vgl. ebd., S. 98ff.

Ein Teilziel Morenos war es, die Untersuchungen in diesem Bereich, aus dem Labor, mehr in das Feld zu führen. Sie sollten durch seine Methoden näher an den Alltag der Probanden rücken und so aussagekräftigere Schlüsse zulassen.[78]

Über Umwege erreichte die Forschung der Gruppendynamik Europa. Im Zuge des Marshallplans verschlug es Lippit, ein Schüler Lewins, in den 1950er Jahren nach Europa. In Wien stieß er auf Lindner.[79] Lindner, der über viele Jahre die Verbindungen des Forschungszweiges der Gruppendynamik zwischen Europa und den USA aufrechterhalten sollte, hatte bis dahin noch nichts von dieser Art Forschung gehört. Er war von Lippits Begeisterung zu diesem Thema aber damals sehr angetan.[80]

Ein weiterer Teilnehmer der ersten Seminare zur Gruppendynamik in den 1950er Jahren war Schindler, ein späterer Psychotherapeut, Psychoanalytiker und Psychiater. In seinem Verständnis der Gruppendynamik prägten ihn insbesondere der angesprochene Lindner und Moreno.[81] Gemeinsam mit Lindner gründete er deshalb im Jahr 1959 den Österreichischen Arbeitskreis für Gruppentherapie und Gruppendynamik (ÖAGG).[82] Es entwickelte sich daraus die Gruppendynamikbewegung in Österreich.[83] Von dort aus wurde die Forschung in Europa weitergetragen. Schindler und Lindner gelten deshalb als die Gründungsväter der Gruppendynamik in Österreich und Europa.

2.4.2 Definition der Gruppendynamik

Der Begriff der Gruppendynamik umfasst nach König und Schattenhofer drei Teile:

1. Das Geschehen in Gruppen, ihre Dynamik, die damit einhergehenden Veränderungen und das Kräftespiel in der Gruppe.
2. Die wissenschaftliche Erforschung von (Veränderungs-) Prozessen in (Klein-) Gruppen.
3. Das Verfahren des sozialen Lernens, das soziale Lernprozesse und Verhaltensänderungen anstoßen soll.

Die drei Bedeutungsbereiche der Gruppendynamik gehen dabei fließend ineinander über. Ein Grund dafür mag ihr gemeinsamer Ansatz sein, dass das Geschehen in Gruppen als veränderlich betrachtet wird. Die Gruppensituation nimmt Einfluss auf das Individuum. Umgekehrt beeinflusst das Individuum auch die ablaufenden Prozesse.[84] Bestenfalls werden bei der Betrachtung der Gruppendynamik alle Ebenen berück-

[78] Vgl. ebd., S. 383ff.
[79] Vgl. Lindner (1996), S. 19f.; Tippe et. al. (2016), S. 35.
[80] Vgl. Lindner (1996), S. 20.
[81] Vgl. Tippe et. al. (2016), S. 33.
[82] Vgl. ebd., S. 36.
[83] Vgl. ebd., S. 32.
[84] Vgl. Scherm (1998), S. 64.

sichtigt. Neben dem theoretischen Hintergrund sind das die daraus entwickelten Anwendungstheorien und die kritische Reflexion des Geschehens in diesem Moment.[85]

Eine Gruppe ist mehr als die Summe ihrer Einzelteile. Dieses "mehr" sind die gruppendynamischen Prozesse, die in Gruppen ablaufen. Sie zu beobachten, zu benennen und Handlungen davon abzuleiten ist Teil der gruppendynamischen Forschung.[86]

Die Bildung einer Gruppe, ihre Rollenentwicklung, ihre Führung, die bestehenden Machtverhältnisse und deren Beeinflussung, sind Parameter, durch die psychologisch beschreibbare Veränderungen hervorgerufen werden. [87] Diese Betrachtungsweise hat einen sozialpsychologischen Ansatz, der aus der experimentellen Betrachtung der Gruppe entsteht. Die Gruppe fungiert nicht als reiner Untersuchungsgegenstand. Sie stellt vielmehr den Ort dar, an dem das Sozialverhalten der Individuen untersucht werden kann.[88]

Die Gruppendynamik mit ihrem breiten Hintergrund bietet dabei vielfältige Perspektiven, um das Gruppengeschehen zu betrachten. Es kann aufgedeckt werden, dass so mancher Konflikt, der sich auf der Sachebene manifestiert hat, eigentlich ein Thema der Gruppe ist und die Beziehungen ihrer Mitglieder untereinander widerspiegelt. Möglicherweise geht es um Macht und Einflussnahme oder um unterschiedliche Bedürfnisse, was Nähe und Distanz anbelangt oder einfach um die Zugehörigkeit zur Gruppe.[89]

Positiv ist, dass an der Dynamik in Gruppen gearbeitet werden kann. Aus diesem Grund haben Weiterbildungen in diesem Bereich einen festen Platz in Unternehmen.[90] In Trainingsgruppen, auch T-Gruppen genannt, welche auf Lewin zurückgehen, können den Teilnehmern die Phänomene der Gruppendynamik veranschaulicht werden. Dort können sie für die ablaufenden Dynamiken und Prozesse sensibilisiert werden.[91]

Die Erforschung der intern ablaufenden Prozesse von Gruppen und ihre Auswirkung auf andere (Gruppen) erfasst ihre Produktivität. Dies geschieht in Abhängigkeit von der Größe und Struktur, aber auch unter Beachtung der Herausbildung verschiedener Gruppenfunktionen und Rollen.[92] Für eine erfolgreiche Arbeit in Gruppen ist es nötig, die Dynamik einer Gruppe zu verstehen. Erst mit dem Verständnis für ihre informelle Hierarchie kann eine Gruppe gestaltet und auf ihr Ziel ausgerichtet werden.[93]

---

[85] Vgl. König (1997), S. 12.
[86] Vgl. König, Schattenhofer (2020), S. 12f.; Bachmann (2017), S. 224; Werro (2017), S. 17f.
[87] Vgl. Rechtien (2007), S. 6.
[88] Vgl. Krege (1977), S. 110.
[89] Vgl. Werro (2017), S. 25.
[90] Vgl. Rechtien (2007), S. 94f.
[91] Vgl. ebd., S. 3.
[92] Vgl. Rechtien (2007), S. 6; König, Schattenhofer (2020), S. 13.
[93] Vgl. König, Schattenhofer (2020), S. 10.

Abbildung 2: Dreidimensionaler, gruppendynamischer Raum

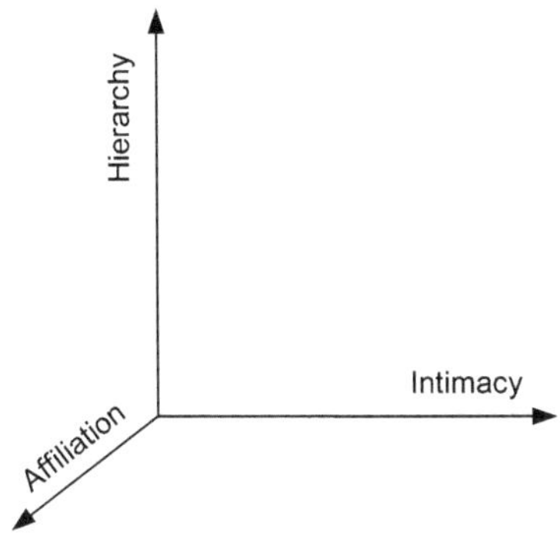

Quelle: Antons et. al., Der dreidimensionale, gruppendynamische Raum, 2004, S. 30

König und Schattenhofer benennen diesen dreidimensionalen Raum als gruppendynamischen Raum, der sich aus den folgenden drei Dimensionen formt. Die Ebene „Drinnen – Draußen“ symbolisiert den Grad der Zugehörigkeit zur Gruppe. „Oben – Untern“ zeigt die Macht und den Einfluss eines Individuums in der Gruppe. Die Dimension „Nah – Fern“ steht für die Intimität zwischen den Mitgliedern der Gruppe und stellt dar, ob sie eng verbunden sind oder sich eher distanziert gegenüberstehen.[94] Da die Dimensionen in Wechselwirkung stehen, rät Antons, in der Betrachtung keine Dimension zu vernachlässigen. Eine Gruppe wird immer auf ihre individuelle Art versuchen, das Konfliktpotential ihrer Mitglieder befriedigend zu lösen.[95]

Gruppenprozesse werden durch konträr gelagerte Ausprägungen der Interaktionen der Gruppenmitglieder in folgenden Dimensionen wahrgenommen:

- Spannung – Entspannung
- Harmonie – Konflikte
- hohe Arbeitsfähigkeit - geringe Arbeitsfähigkeit
- hohe Zufriedenheit der Mitglieder - geringe Zufriedenheit der Mitglieder
- Selbststeuerung des Teams - Fremdsteuerung des Teams[96]

---

[94] Vgl. König, Schattenhofer (2020), S. 34ff.
[95] Vgl. Antons (2004), S. 33.
[96] Vgl. König, Schattenhofer (2020), S. 55.

2.4.3 Rollen und ihre Funktionen in Gruppen

Rollen basieren auf einem bestimmten Rollenbild einer Gruppe ihres Erstellers. Diese vordefinierten Rollen, welche von einzelnen Gruppenmitgliedern eingenommen werden, unterstützen bei der Kategorisierung und Einschätzung ihrer Interaktionen.

Der Terminus der Rolle definiert ein soziales Verhaltensmuster, das von einem Individuum in einer bestimmten Umgebung erwartet wird. Es trägt dazu bei, dass die Person entsprechend ihrer Rolle funktioniert. Für unterschiedliche Situationen können von Menschen unterschiedliche Rollen eingenommen werden.[97]

Nach Stahls Einschätzung entlastet die Verteilung von Rollen in Gruppen das Gesamtsystem der „Gruppe", weil die Komplexität des Miteinanders verringert wird. Es werden Verhaltenswahrscheinlichkeiten festgelegt, welche das Auftreten von überraschenden Interaktionen begrenzen. Beständigkeit, vorhersehbares Verhalten und Routinen erleichtern Menschen den Alltag. Es liegt der menschlichen Kreatur deshalb nahe, diese herzustellen. Die Vorgabe dieser Verhaltenswahrscheinlichkeiten durch eine bestimmte Rolle teilt sich in vier Bereiche auf. Eine Rolle verleiht eine personale Identität und macht die Kommunikation untereinander berechenbarer. Die Zuweisung von Rollen sorgt für ein stabiles Gruppenfeld, in dem sich die Gruppe bewegt. Die Abstraktion der Gruppe wird personalisiert und greifbarer gemacht.[98]

Gruppendynamische Rollen werden durch ihren Einfluss auf das sachliche und zwischenmenschliche Gruppengeschehen und ihre gruppendynamische Macht beschrieben. Stahl benennt deren vier und beginnt mit dem Gruppenführer, der den personifizierten Willen der Gruppe darstellt. Er kann als ihr Sprecher auftreten. Die Mitläufer wollen als Teil der Gruppe in ihr mitschwimmen. Der Sündenbock symbolisiert das interne, aber ausgegrenzte Feindbild der Gruppe. Er muss, wie externe Feinde und Gefahren, bekämpft und unterdrückt werden. Die letzte Rolle nimmt der Außenseiter ein. Er ist ein geduldeter Vertreter randständiger Ziele, auf dessen Meinung oder Impuls sporadisch zurückgegriffen wird. Diese Rollen beschreiben das quantitative Ausmaß, in dem ein Gruppenmitglied die Gruppe durch seine persönlichen Ziele und Werte prägt. Das spiegelt sich in seiner Machtposition, bei der Ressourcenverteilung oder der Zuständigkeit für bestimmte Aufgaben wider.[99]

Laut Benne und Sheats wiederum stellt die feste Zuweisung einer Rolle den Beginn eines Lernprozesses des Individuums und der Gruppe dar. In diesem geht es auch darum, zu identifizieren, ob einem Individuum eine Erweiterung seines Rollenrepertoires gestattet wird oder ob es in seiner zugewiesenen Rolle verhaftet bleibt.[100]

---

[97] Vgl. Gerrig, Zimbardo (2018), S. 670.
[98] Vgl. Stahl (2017), S. 311ff.
[99] Vgl. Stahl (2017), S. 316ff.; Reiner-Kolouch et. al. (2020), S. 271f.
[100] Vgl. Benne, Sheats (1948), S. 41ff.

Tabelle 4: Rollenmodell nach Belbin

Rollentyp	Eigenschaften	Qualitäten
Kommunikationsorientierte Rollen		
Koordinator	Selbstsicher, kommunikativ, entschlusskräftig, guter Zuhörer	Koordiniert Arbeitsprozess, setzt Ziele und Prioritäten, damit Teammitglieder einen Beitrag zum Erfolg leisten.
Teamarbeiter	Freundlich, kommunikativ, empfindsam, kooperativ, diplomatisch	Vermittelt und berät bei Schwierigkeiten. Fördert den Teamgeist. Geht auf Mensch und Situation ein.
Wegbereiter	Aktiv, kommunikativ, extravertiert	Trägt die Ideen des Teams nach außen. Knüpft Kontakte.
Handlungsorientierte Rollen		
Macher	Dynamisch, energiegeladen, angespannt, herausfordernd, ungeduldig, kann aus sich herausgehen	Gibt ersten Plänen eine Richtung und den Weg zu konkreten Aktivitäten frei. Formuliert Teilziele. Liefert den entsprechenden Antrieb, dass sich das Team in die gewünschte Richtung bewegt und das Ziel im Blick behält.
Umsetzer	Sorgfältig, zuverlässig, fleißig, diszipliniert, systematisch	Kümmert sich um Schwierigkeiten im Umsetzungsprozess. Setzt Pläne um.
Perfektionist	Perfektionistisch, pünktlich, zuverlässig, vorsichtig, pflichtbewusst	Meldet Abweichungen in der Umsetzung. Achtet auf Fehler und sichert Qualität.
Wissensorientierte Rollen		
Beobachter	Nüchtern, diskret, besonnen, scharfsinnig, vorsichtig	Steht für Diskretion. Achtet auf den Erhalt bewährter Prozesse und prüft Vorschläge auf Machbarkeit.
Spezialist	Engagiert, professionell, zielstrebig, technisch versiert, eher selbstbezogen	Spezielle Aufgaben erfordern sein spezielles Wissen. Setzt hohe Standards durch und tritt für Professionalität ein.
Erneuerer	Kreativ, unkonventionell, fantasievoll	Außerordentlich kreativ und löst Probleme so unkonventionell.

Quelle: In Anlehnung an Lippmann et. al., Rollenmodell nach Belbin, 2019, S. 402

Feste Rollenbilder in Gruppen sind in der Forschung nicht unumstritten. Dazu gibt Sader aus mehreren Gründen Anlass zur Vorsicht. Seiner Ansicht nach wechseln Rollen situativ. Schreibt man einer Person eine Rolle fest zu, beeinträchtigt das ihr zukünftiges Verhalten. Die Zuordnung der Rollen geschieht häufig durch den Anführer der Gruppe. Diese muss nicht korrekt sein, denn die Gruppe würde eventuell eine andere Zuordnung treffen. Erst nach der Zuordnung einer Rolle durch die Gruppe wäre eine empirische Überprüfung der Übereinstimmung möglich. Erst dann liegt nach Sader ein nachvollziehbares System zu Grunde. Er sieht Rollen in Gruppen als Etikettierung, die eher negativ als positiv wirken. Ein Beschreiben des Verhaltens hält er in der Gruppeninteraktion für nützlicher als die Zuweisung fester Rollen.[101]

Da Teammitglieder mit unterschiedlichen Rollenkompetenzen ausgestattet sind, ist es erstrebenswert, diese Rollenflexibilität zu fördern. Die Zuschreibung von fixen Rollen wird kritisch gesehen.[102]

Sind Individuen widersprüchlichen Rollenerwartungen ausgesetzt, kann es zu Rollenkonflikten kommen. Diese treten auf, wenn Menschen unsicher sind, in welcher Funktion sie in einer Situation zu agieren haben oder Rollen nicht klar definiert sind.[103]

Anhand der unterschiedlichen Rollen innerhalb einer Gruppe, ergibt sich eine hierarchische Struktur. Diese, meist informelle Struktur, hat Einfluss auf die Interaktionen der Gruppenmitglieder. Hierarchien in Gruppen bilden sich innerhalb der ersten Minuten des Zusammentreffens.[104] Für die Einschätzung des eigenen Status in einer Gruppe reicht es dabei aus, die anderen Mitglieder zu sehen. Eine Interaktion zwischen den Gruppenmitgliedern muss dazu nicht stattgefunden haben.[105]

Allein phänotypische Merkmale können Einfluss auf die hierarchische Stellung einer Person in einer Gruppe haben. Weiter werden Hierarchien durch Rangkämpfe unter den Gruppenmitgliedern bestimmt. Die Art und Weise der Kämpfe unterscheidet sich dabei im jeweiligen Umfeld. In Akademikerkreisen wird sich wahrscheinlich eher geistig duelliert, wohingegen Rangkämpfe in einfacheren sozialen Milieus unter Umständen körperlich ausgetragen werden.[106] Das chaotisch erscheinende Gruppengeschehen folgt Gesetzmäßigkeiten. Mit dem Wissen darüber kann von außen gezielt eingegriffen und beeinflusst werden.[107]

[101] Vgl. Sader (2008), S. 82.
[102] Vgl. Lippmann et. al. (2019), S. 403.
[103] Vgl. Reiner-Kolouch et. al. (2020), S. 271f.
[104] Vgl. Fisek, Ofshe (1970), S. 327ff.
[105] Vgl. Kalma (1991), S. 165ff.
[106] Vgl. Pinker (1997), S. 498.
[107] Vgl. Schindler (2016), S. 50.

2.5 Modelle zur Darstellung rangdynamischer Prozesse

Zur Vereinfachung der Vorstellung gruppendynamischer Prozesse sind Modelle erstellt worden. Unter anderem hat Schindler ein Modell zur besseren Veranschaulichung der Rangdynamik in Gruppen konzipiert. Im Gegensatz zu Rollenkonzepten, liegt der Fokus auf der Position der Person in der Gruppe. Diese Position kann wechseln und ist nicht manifestiert. Gerade Prozesse in agilen Kontexten können damit abgebildet werden. Die Positionen sind nicht an formelle Macht gebunden. Es ist jedoch wahrscheinlicher, dass es in einem agilen Umfeld häufiger zu Positionswechseln in Gruppen kommt als in streng hierarchischen Strukturen.[108] Der Begriff der Positionen ist in diesem Zusammenhang wichtig. Es handelt sich um vorübergehende Besetzungen der Rollen durch die Gruppenmitglieder. In veränderten Situationen können Positionen neubesetzt werden.[109]

2.5.1 Rangdynamikmodell von Schindler

Das Umfeld, aus dem Schindlers Gruppendefinition und seine gruppendynamischen Beobachtungen entspringen, ist die klinische Psychotherapie. Es geht ihm dort um die Wiedereingliederung von Menschen mit psychischen Störungen in die Gesellschaft. Hierfür bestimmt er die Gruppe als therapeutisches Umfeld. Schindler sieht aber Anknüpfungspunkte der ablaufenden Mechanismen und Dynamiken im Kontext der Wirtschaft, der Politik und der Pädagogik.

In der Theorie Schindlers sieht sich die Gruppe einem außenstehenden Gegenüber ausgesetzt. Das Gegenüber, das der Gruppe nicht angehört, muss nicht zwingend ein Gegner oder ein Feind sein. Es muss sich auch nicht um eine konkrete Person handeln. Es kann sich dabei auch um eine, an die Gruppe gestellte, Aufgabe oder Herausforderung handeln.[110] Schindler charakterisiert vier Rollen für die Gruppenpositionen, die in der Gruppe besetzt sein müssen.

Alpha

- Anführer der Gruppe und ihr personifiziertes Schicksal. Sein Erfolg betrifft die gesamte Gruppe. Richtet die Gruppe auf ihr Ziel oder Gegenüber aus.
- Repräsentiert die Gruppe und wird (un-)bewusst durch die anderen Mitglieder der Gruppe gewählt, da er zur Bewältigung des Gegenübers am geeignetsten erscheint. Dies muss nicht zwingend von außen nachvollziehbar sein.[111]

---

[108] Vgl. Hofert (2017), S. 127ff.
[109] Vgl. Bachmann (2017), S. 238; Amann (2009), S. 271.
[110] Vgl. Schindler (2016), S. 50f.
[111] Vgl. Schneidhofer (2015), S. 21.

- Kann sich frei entfalten, agiert und argumentiert nicht in der Gruppe.
- Bedingung: Er muss als Teil der Gruppe wahrgenommen werden.

Beta

- Wird von Alpha legitimiert und ist mit dessen Schicksal verbunden.
- Kann als Bauernopfer enden, wenn es Alpha dienlich ist.
- Experte mit entsprechender Fachkenntnis, der die Gruppe berät und als freies Radikal etwas außerhalb oder über der Gruppe stehen darf.
- Auf Grund seiner Stellung ist der Weg eines machtorientierten Beta nicht weit zum Alpha.
- Gefahr: Es kann ein Spannungsfeld zwischen Alpha und Beta, aber auch innerhalb der Gruppe, entstehen.

Gamma

- (Anonymes) Mitglied der Gruppe trägt keine Verantwortung.
- Identifiziert sich mit Alpha und trägt die Hauptlast der Arbeit der Gruppe.
- Seine Aggression gegen Omega ist ebenso ausgeprägt wie gegen „das Gegenüber".
- Gefahr: Bei Überforderung zielt der Unmut gegen die Gruppe. Austrittsgedanken müssen durch gruppenbetonendes Verhalten von Alpha oder Beta aufgefangen werden.

Omega

- Fremd und randzugehörig. Repräsentiert das Gegenüber innerhalb der Gruppe.
- Aggression gegen Alpha, da er Antreiber gegen Omega ist.
- Aufgrund seiner Aggression gegen Alpha ist er das interne Feindbild der Gammas.[112]

Schindler unterscheidet später zwischen drei verschiedenen Ausprägungen der Alpha- und Beta-Position. Auf eine Ausführung dieser Unterscheidung wird an dieser Stelle aber verzichtet und auf Schindlers „Das Verhältnis von Soziometrie und Rangordnungsdynamik" von 1968 verwiesen.

[112] Vgl. Schindler (2016), S. 106ff.

Das Rangdynamikmodell Schindlers ist von Moreno geprägt, da es auch Elemente der Soziometrie enthält.[113] Die Soziometrie allein kann nicht zur Verifizierung der rangdynamischen Positionen herangezogen werden. Dafür sind Einblicke in die tiefenpsychologischen Vorgänge der Gruppenmitglieder notwendig. Auch deshalb beansprucht Schindler nicht die uneingeschränkte Akzeptanz seines Modells.[114]

2.5.2 Gruppendynamische Prozesse

Gruppendynamisches Verhalten geschieht nie in einem voraussetzungslosen Raum. Es findet unter Beeinflussung der vorherrschenden Rahmenbedingungen statt und ist immer verwoben in ein Netz aus Handlungen der beteiligten Akteure. Ihr Handeln ist dabei in gesellschaftliche, institutionelle und organisationale Bedingungen eingerahmt.[115]

Jede Gruppe durchläuft dabei immer wieder gruppendynamische Phasen, zum Beispiel die von Tuckman. Personelle Wechsel in der Gruppe lösen diese beispielsweise aus, da sich die Hierarchie der Gruppe neu sortieren muss. Einflussfaktoren auf die Dauer dieser Phasen sind die Erfahrung des (informellen) Gruppenführers und der einzelnen Teammitglieder, die Vorgeschichte der Teammitglieder miteinander, die Größe der Gruppe und die Organisations- oder Unternehmenskultur.[116]

Die Gruppenprozesse beinhalten das Handeln der Individuen, ihr Verhalten in Gruppen und Ereignisse, die auch von außen auf die Gruppe einwirken. Nach Sader sollte sich aber auf gruppenspezifische Prozesse beschränkt werden, weil der Gesamtkontext zu jedem Individuum einer Gruppe nicht ausreichend berücksichtigt werden kann. So sind zum Beispiel die Herkunft und die Informationen, die sich ein Gruppenmitglied in Erinnerung ruft und die sein aktuelles Handeln in der Gruppe beeinflussen, von außen nicht nachvollziehbar. Die Unterschiedlichkeit von Gruppen, von der Schulklasse bis zum Projektteam, ist sehr groß. Das impliziert, dass Gruppenprozesse komplex, vernetzt, dynamisch und nicht voll transparent sind.[117]

Yalom nahm Bezug auf Lewin, als er 1985 die Gruppendynamik in einen dreidimensionalen Raum einteilte. Er definierte die Koordinaten Hierarchie, Intimität und Zugehörigkeit als die Treiber und Einflussfaktoren gruppendynamischer Prozesse.[118]

---

[113] Vgl. Tippe et. al. (2016), S. 43.
[114] Vgl. Schindler (2016), S. 106ff.
[115] Vgl. Antons (2004), S. 13.
[116] Vgl. Reiner-Kolouch et. al. (2020), S. 250.
[117] Vgl. Sader (2008), S. 111ff.
[118] Vgl. Yalom (1985), S. 258ff.

Abbildung 3: Schindlers Rangdynamik-Modell mit Interaktionsmuster

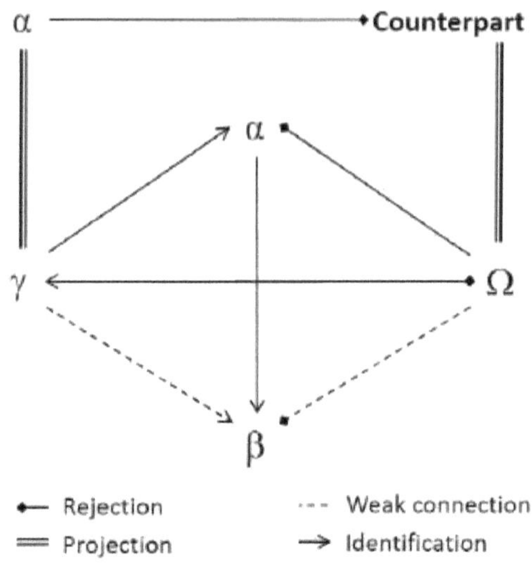

Quelle: Bachmann, Schindlers Rangdynamik-Modell mit Interaktionsmuster, 2020, S. 32

2.5.3 Rangdynamikmodell von Vatter

Zwischen Vatters und Schindlers Modell besteht eine Ähnlichkeit in Aufbau und Struktur. Bei Vatter paart sich das mit evolutionspsychologischen Ansätzen von Lorenz. Vatters Meinung nach zeichnen die bisher entwickelten Modelle ein zu harmonisches Bild der gruppendynamischen Prozesse. Er nimmt an, dass die Hierarchiebildung, wenn auch unterbewusst, konfliktreicher abläuft.

Als Voraussetzungen für dieses Modell werden einige Annahmen als gegeben angesehen. So werden in diesem Modell hierarchische Strukturen von Arbeitsgruppen beschrieben. Die dort definierten Rollen sollen von den einzelnen Mitgliedern eines Projektteams besetzt werden. Die Beteiligten in der Gruppeninteraktion handeln dabei strategisch. Entsprechend ihrer Rolle stehen unterschiedliche Ziele und Wünsche im Vordergrund. Ist eine Rolle überbesetzt, entsteht ein Konflikt. Die unterlegene Partei nimmt die Rolle ein, welche ihr am nächstbesten entspricht. Das geschieht so lange, bis alle Rollen besetzt sind. Zwischen allen vorgestellten Rollen herrscht ein Nash-Gleichgewicht. Die Vor- und Nachteile der einzelnen Rollen gleichen sich darin aus und lassen eine relativ stabile Positionierung der Individuen zu. Dieses soziodynamische Gleichgewicht kann aber situativ neu verhandelt werden. [119]

Die Rollenbildung und die daraus resultierende relative Stabilität der Gruppenstruktur unterstützt dabei folgende Ziele der Individuen:

1. Zugehörigkeit:

   Evolutionär betrachtet, um so von den Ressourcen der Gruppe zu profitieren und in einer Gemeinschaft (eigene) Ziele erreichen zu können.

2. Einfluss auf Gruppenentscheidungen:

   Abgeleitet aus der Erreichung (eigener) Ziele strebt das Individuum nach einer Stellung, die ihm Einfluss auf Entscheidungen der Gruppe erlaubt. Idealerweise akzeptieren die anderen Gruppenmitglieder diesen Anspruch.

3. Reduktion emotionaler Belastung:

   Dies impliziert das Verlangen des Individuums nach einem möglichst geringen Einsatz emotionaler Energie. Konflikte zur Erhaltung der Stellung, Angst vor Bedrohung oder kognitive Dissonanzen, gilt es zu vermeiden.

Verglichen mit Schindlers Rangdynamikmodell werden im Basismodell von Vatter die erstgenannten fünf statt vier Rollen unterschieden. Sein erweitertes Modell beinhaltet neun Rollen. Der Vollständigkeit halber werden die Rollen 6-9 benannt, da sie in der folgenden Abbildung aufgeführt sind. Sie sind aber nicht Teil der Validierung in dieser Arbeit. Diese betrachtet die Basisrollen des Modells 1-5.

1. Alpha – Der „Anführer“
2. Beta – Der „Hofnarr“
3. Delta – Der „Arbeiter“
4. Gamma – Der „Rebell“
5. Omega – Der „Verstoßene“
6. Epsilon – Die „Graue Eminenz“
7. My – Der „Prophet“
8. Zeta – Die „Leibgarde“
9. Sigma – Der „Samurai“

Die Gamma-Rolle wird als Gegenspielerrolle des Alpha gesehen. Delta entspricht Gamma bei Schindlers Modell. In der Aufzählung des griechischen Alphabetes kommt Gamma vor Delta. In der Rollenbeschreibung nach Vatter komplettiert Delta allerdings, zusammen mit Alpha und Beta, den Kern der Gruppe. Gamma wird als erster Oppositioneller der Gruppe betrachtet. Daher wird diese Rolle an erster Stelle nach der Beschreibung der „Kerngruppe“ vorgestellt.

[119] Vgl. Vatter (2022), S. 2ff.

Abbildung 4: Erweitertes Rangdynamik-Modell der archaischen Gruppe nach Vatter

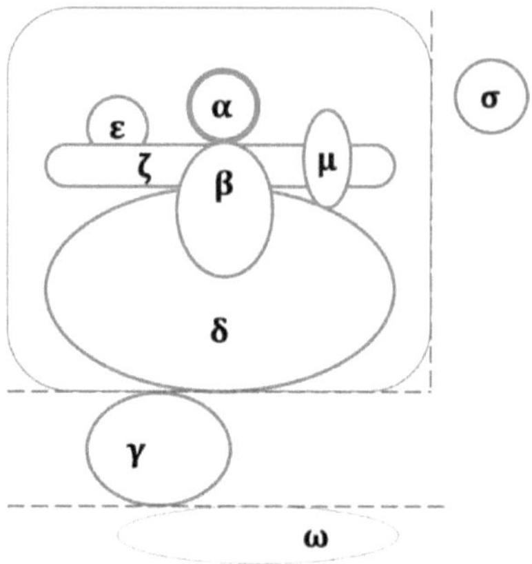

Quelle: Vatter, Das erweiterte Rangdynamik-Modell der archaischen Gruppe, 2022, S. 3

Alpha

- Ist der Führer der Gruppe und trifft richtungsweisende Entscheidungen.
- Hauptmotiv ist die Durchsetzung seiner Ziele. Er sichert sich somit Ressourcen.
- Bestimmt das Gegenüber der Gruppe und führt als Repräsentant der Gruppe auch Auseinandersetzungen für die Gruppe.
- Bestimmt Bedeutungszusammenhänge von Ereignissen für die Gruppe und reduziert somit die kognitive Dissonanz der übrigen Gruppenmitglieder.

Beta

- Ist loyaler Begleiter des Alpha, zeichnet sich durch soziale Kompetenz aus.
- Sein Hauptmotiv ist die Beeinflussung des Alpha und damit einhergehend die Beeinflussung der Gruppenentscheidungen hinsichtlich seiner Ziele.
- Wird häufig als unterhaltsam und sympathisch wahrgenommen. Beeinflusst die Meinung der übrigen Gruppe und sichert sich somit Unterstützung.
    - Im kooperativen Setting vereint er die Gruppe emotional und sorgen für Wohlbehagen.

    - Im kompetitiven Setting nutzt er seine Position, um die Gruppe zum Nachteil einzelner Gruppenmitglieder zu beeinflussen. Er agiert immer in Übereinstimmung mit Alpha.
- Im kooperativen Setting werden Betas gegebenenfalls von der Gruppe in die Rolle des Alphas gehoben.
- Im kompetitiven Setting scheut er die Rolle des Anführers und die damit verbundenen Konflikte. Diese trägt er ungern selbst aus. Wird Alpha in einer offenen Konfrontation gestürzt, positioniert sich Beta dem neuen Alpha häufig loyal gegenüber, um seine Position zu erhalten.

Delta

- Markiert in einer Gruppe die „Mitte der Gesellschaft". Die Stabilität einer Gruppe kann auch am Wohlbefinden der Deltas abgelesen werden.
- Hauptmotive sind Zugehörigkeit, Befriedigung der Grundbedürfnisse, wie sie bis einschließlich Stufe 3 und 4 in der Bedürfnispyramide nach Maslow beschrieben sind, sowie die Sicherstellung der gesellschaftlichen Ordnung.
- Zeichnen sich durch Loyalität gegenüber dem Alpha, Regelkonformität und der Akzeptanz der gesellschaftlichen Ordnung der Gruppe aus.
- Erheben keinen Führungsanspruch, sind bescheiden und genügsam.
- Ihr Beitrag zur Gruppe liegt in der Erbringung der Hauptlast der Arbeit, in der Pflichterfüllung und in der Anpassungsfähigkeit.
- Mangelhafte Führung sehen sie als Bedrohung. Sie leiden in diesem Fall unter Orientierungslosigkeit.

Gamma

- Lehnt den archaischen Kampf, welchen Alphas um die Führung ausfechten, ab und befindet sich daher nicht in der führenden Rolle der informellen Hierarchie.
- Häufig von einer rebellischen Haltung geprägt, ist er der Überzeugung, ein Mitspracherecht auf die Entscheidungsfindung der Gruppe zu haben, welches ihm von der Gruppe aber nicht zugestanden wird.
- Besitzt einen Führungsanspruch und ist überzeugt, besser als Anführer geeignet zu sein als Alpha. Scheitert daran, die Gruppe hinter sich zu vereinen.
- Leitmotive sind das Beharren auf Wahrheit und Gerechtigkeit, das Erlangen von Anerkennung der Gruppe und das Bestehen auf Führung durch Erkenntnis.

- Gelingt es ihm, die Gruppe zu überzeugen, erbringt er einen wichtigen Beitrag der Erneuerung.
- Gelingt es ihm, Alpha aus seiner Rolle zu verdrängen, muss er sich entscheiden, ob er sich den Regeln der Gruppe unterordnen will, um die Führung zu übernehmen. Seine eigenen Leitmotive müssen dabei aber teilweise hintenanstehen.
- In einem kompetitiven, stark archaischen Setting wird Gamma von vornherein aus der Gruppe gedrängt, da sein Beitrag als bedrohlich wahrgenommen wird.

Omega

- Ist nicht in die Gruppe integriert und hat keinen Einfluss auf Entscheidungen.
- Je höher die Kompetitivität der Gruppe ist, desto weniger wird Omega als wertvoller Teil der Gruppe betrachtet und verstoßen.
- Die Gruppe geht nicht davon aus, dass er einen Beitrag zur Gruppe leisten kann, der die Zuteilung von Ressourcen der Gruppe rechtfertigt.
- Omega unterscheidet sich von Gamma, indem er sich in sein Schicksal ergeben hat. Ein höherer Rang in der Gruppe scheint für ihn nicht erreichbar.

Für diese Forschungsarbeit bildet das dargestellte Modell eine wichtige Basis. Die erarbeitete Methodik dieser Arbeit soll im Stande sein, in einem Experiment Vatters Rollenmodell exemplarisch zu validieren.

2.6 Aktueller Stand der Forschung

Eine amerikanische Studie aus dem Jahr 2014 von Stincelli und Baghurst befasste sich mit der Charakterisierung von informeller Führung in Kleingruppen. Dafür wurden mit Hilfe von offenen Fragen in Interviews die Erfahrungen von Personen erhoben, die informelle Führung erlebt oder beobachtet hatten. Es zeigte sich, dass vor allem die individuelle Kompetenz der Individuen, die Organisationskultur und der situative Bedarf ausschlaggebend für die Entstehung informeller Führung waren. Gerade in Teamarbeit war informelle Führung existent und kam verstärkt vor. Dabei war der informelle Anführer ohne formellen Titel legitimiert. Er musste Mitglied der betroffenen Gruppe sein und natürliche Führungsfähigkeiten aufweisen.

In der vorliegenden Arbeit ist die Betrachtung der Wirkung informeller Führung in Teams deshalb interessant, weil ihre Machtstrukturen mit Hilfe einer angemessenen Methodik nachgewiesen werden sollen. Das Vorkommen von informeller Führung in Teams unterstreicht die Wichtigkeit des Kontextes dieser Arbeit.

Schmittner beschrieb im Jahr 2015 die Auswirkungen von Führungswechseln in Arbeitsgruppen auf gruppendynamische Prozesse. In einer qualitativen Studie untersuchte sie die Auswirkungen auf das Gruppengefüge und die ablaufenden Restrukturierungsprozesse einer Gruppe, wenn die formelle Führungsposition neu besetzt wurde. Sie stellte fest, dass sich das Gefüge des gruppendynamischen Raums neu ordnen musste. Der Rückfall in die Storming-Phase nach Tuckman beeinflusste zeitweise das Wohlbefinden der Gruppe, da die Mitglieder wegen des Führungswechsels Unsicherheit und Angst empfanden.[120] Die Gruppenleistung wurde negativ beeinflusst, weil die Gruppenmitglieder mentale Kapazitäten für die Neuordnung der Gruppenstruktur aufwenden mussten, um wieder eine tragfähige Ordnung herzustellen.

Für diese Forschungsarbeit sind Teilergebnisse von Schmittner interessant, weil ihre Untersuchung zum einen zeigte, wie fein das Empfinden von Menschen auf Veränderungen ihrer gewohnten Strukturen ist und welch große Auswirkungen es für den Einzelnen hat. Zum anderen definierte Schmittner Voraussetzungen, die Führungskräfte mitbringen sollten, um auch als solche wahrgenommen und akzeptiert zu werden. Neben fachlicher Eignung und Bildung führte sie Persönlichkeitseigenschaften und Geisteshaltungen an, die Führungskräfte bestenfalls in sich vereinen sollten. Sie nannte eine positive Grundeinstellung, Offenheit, eine natürliche Autorität, Selbstsicherheit, intuitives Geschick für zwischenmenschliche Interaktionen und das Erkennen von Chancen und neuen Möglichkeiten für die Gruppe. Teilaspekte davon finden sich im erarbeiteten Kriterienkatalog der vorliegenden Forschungsarbeit wieder.

Bachmanns Anliegen 2020 war es, das Rangdynamik-Modell von Schindler und die Existenz der darin inbegriffenen Rollen zu beweisen. Im Rahmen eines Coaching-Programms führte er ein Planspiel mit Probanden durch. Zur Charakterisierung der Teilnehmer ließ er eine soziometrische Analyse der Gruppenprozesse durch einen beobachtenden Coach erstellen. Im Anschluss folgte eine offene Feedbackrunde innerhalb der T-Gruppe. Dort hatten die Teilnehmer ihre Gruppenkollegen in den Dimensionen Vertrauen, Einfluss und Irritation zu bewerten.

Mit seiner Vorgehensweise konnte er Schindlers Modell bestätigen und rollentypische Interaktionen zwischen den Gruppenmitgliedern feststellen. Hinsichtlich der Leistungsfähigkeit der unterschiedlich zusammengesetzten Gruppen konnte er interessante Erkenntnisse für das Arbeiten in agilen Teams unter geteilter Führung („Shared Leadership") gewinnen. Gruppen waren am erfolgreichsten, wenn sich ihre informelle Struktur noch nicht final gebildet hatte. Zu diesem Zeitpunkt war der Input aller Gruppenmitglieder noch signifikant vorhanden. Die Diskussion und der Austausch unterschiedlicher Meinungen stellte eine Triebkraft für die Gruppe dar. Diese nahm ab, wenn sich eine Hierarchie gebildet hatte. Schlussfolgernd daraus sind komplexe

[120] Vgl. Bachmann (2020), S. 19 ff.

Problemlösungen vor Erreichung der Stabilisierungsphase einer informellen Hierarchie am besten zu erreichen. Nebenbei kategorisierte er die beforschten Gruppen in „Gruppen ohne klare Führungsperson", „Gruppen mit einer fähigen Führungsperson", die beide gute Resultate im Lösen von Problemen aufzeigten, und in „Gruppen mit unpassender Besetzung der Führungsrolle" und damit einhergehend schlechten Problemlösungsfähigkeiten.

2.7 Zwischenfazit

Hinsichtlich der Verbreiterung des New Work Ansatzes und der wachsenden Relevanz von Teamarbeit rückt die Zusammenstellung produktiver und erfolgreicher Arbeitsteams noch stärker in den Blickpunkt. Flache Hierarchien, wie im agilen Projektmanagement üblich, bieten Raum zur Ausbreitung informeller Hierarchien. Fernab der formalen Machtgefüge unterliegen sie Systematiken und Mechanismen, welche bereits bei der Zusammenstellung des Teams beachtet werden müssen.

Teams bilden eine Sonderform der Gruppe, die im Verlauf ihres Wirkens verschiedene Phasen durchlaufen. Im Zuge dieser Phasen formt sich das Binnenverhältnis der Gruppe. Führungs- und Machtansprüche entfachen Konflikte, die unter den Mitgliedern des Teams ausgetragen werden.

Im Hintergrund steht eine Dynamik, ein Zusammenspiel aus Interaktionen der Teilnehmer in ihren situativen Rollen. Diese beeinflussen sich gegenseitig im gruppendynamischen Raum. Je nach Rolle entfalten sich die Gruppenmitglieder unterschiedlich stark und prägend für das Gruppengeschehen.

Mit der Hilfe rangdynamischer Modelle wird versucht diese Prozesse zu visualisieren und den Beteiligten entsprechende Rollen zuzuschreiben. Der Transfer der Einflüsse der Gruppendynamik in den Alltag von Projektteams soll dadurch erleichtert werden. Wenn die Ursachen und Wirkungen der Rollen und der von ihnen ausgehenden rangdynamischen Prozesse veranschaulicht werden, können sie eingeschätzt und optimiert werden.

Eine Methodik zur Validierung der Prozesse und Rollen fehlt bisher. Im weiteren Verlauf der Arbeit soll eine solche Methodik erarbeitet werden. Auf ihrer Basis sollen rangdynamische Prozesse und Rollen operationalisiert werden können und die theoretischen Konstrukte der Modelle in der Praxis messbar gemacht werden. Die Erreichung des Ziels dieser Forschungsarbeit wird durch die abschließende Beantwortung der Forschungsfrage festgestellt. Damit einhergehend kann die Praxistauglichkeit der erarbeiteten Methodik eingeschätzt werden.

3 Methodik zum Nachweis rangdynamischer Prozesse

Das Ziel der Arbeit ist es, eine Methodik aus mehreren Erhebungs- und Auswertungsmethoden zu erstellen, die sich in ihrer Betrachtung des Forschungsgegenstandes der rangdynamischen Rollen und Prozesse ergänzen. Die Komplexität des Untersuchungsgegenstandes macht eine mehrteilige Untersuchung notwendig. Die Ergebnisse des verwendeten Verfahrens aus der experimentellen Erprobung werden im Anschluss auf die Beantwortung der Forschungsfrage, ihre mögliche Korrelation und ihre Konsistenz überprüft.

3.1 Untersuchungsansatz der Triangulation

Zur Erstellung eines sich ergänzenden Instrumentariums an Methoden eignet sich der Ansatz der Triangulation. Das bedeutet, dass ein Forschungsgegenstand aus unterschiedlichen Perspektiven beleuchtet wird. Die Vorgehensweise beinhaltet die Datenerhebung dieses Forschungsgegenstandes mit mindestens zwei verschiedenen wissenschaftlichen Methoden.

Die Triangulation unterschieden wird methodisch in die Within-Methods-Triangulation und die Between-Methods-Triangulation unterschieden. Unter der Erstgenannten sind mehrere Operationalisierungen eines Konzeptes unter Anwendung einer Methode zu verstehen. So können innerhalb eines Fragebogens gleichzeitig standardisierte Fragen und Fragen zur Generierung von Erzählungen verwendet werden.

Die Between-Methods-Triangulation bezeichnet die Verwendung unterschiedlicher Methoden zur Erfassung desselben Forschungsgegenstands. So kann beispielsweise eine Beobachtung einer Gruppe mit einer Befragung kombiniert werden.

Denzin unterscheidet die Triangulation in vier Varianten. Die Datentriangulation greift auf mehrere Datenquellen zurück. Die Investigationstriangulation vereint unter sich mehrere Forschende, die dasselbe Phänomen untersuchen. Die Theorientriangulation filtert das zu betrachtende Phänomen durch die Perspektive mehrerer Theorien. Die Methodentriangulation überwindet die Begrenzung einzelner Methoden, indem mehrere Zugänge zur Erfassung des Forschungsgegenstandes angewendet werden.[121]

Das, in dieser Arbeit zusammengestellte, Instrumentarium setzt sich aus drei einzelnen wissenschaftlichen Methoden zusammen. Zu Beginn steht die Erfassung der

[121] Vgl. Hussy et. al., S. 288.

Persönlichkeit der Personen im Fokus. Mit Hilfe eines Fragebogens zur Selbsteinschätzung stufen sie ihre innere Einstellung zu konfliktbehafteten Situationen, ihr Wirken in Arbeitsgruppen und ihr Verhältnis zu Führung in Arbeitsgruppen ein. In der zweiten Phase der Untersuchung führen die Teilnehmer ein Planspiel in einer Gruppe durch. Dabei werden ihre Interaktionen beobachtet und anhand eines eigens erstellten Kriterienkataloges erfasst. Anhand dessen soll das Verhalten der Individuen in Gruppensituationen festgestellt werden. Abgerundet wird die Untersuchung mit einem kurzen Reflexionsfragebogen zum durchgeführten Planspiel. Die Versuchsteilnehmer sollen darin das Wirken, die Leistung und das Engagement von sich, den anderen Teilnehmern und der Gruppe bewerten. Die erhobenen Daten der drei Verfahren sollen im Zuge der Auswertung zeigen, ob sich das Verfahren zur Beantwortung der Forschungsfragen eignet. Die Ergebnisse der einzelnen Instrumente werden in einer ersten Phase unabhängig voneinander ausgewertet. Die Herstellung von Korrelationen erfolgt erst nach der Auswertung der einzelnen Teilmethoden.

3.2 Gütekriterien

Die Gütekriterien der empirischen Forschung basieren auf drei wesentlichen Aspekten, der Objektivität, der Reliabilität und der Validität. Anhand ihrer Bewertung stellt sich die Glaubhaftigkeit und Vertrauenswürdigkeit von empirischen Arbeiten heraus.

Es gibt Teilbereiche der Forschung, an deren Durchführung mehrere Forscher beteiligt sind. Zwischen den Forschern findet eine Abstimmung der zu beachtenden Kriterien statt. Um dennoch mögliche subjektive Einflüsse bei der Datenerhebung auszuschließen, unterwirft sich die Methodik zusätzlich zu den quantitativen Gütekriterien auch jenen der qualitativen Forschung.

Tabelle 4: Gütekriterien quantitativer Forschung

Myers	Reliabilität bedeutet Zuverlässigkeit, das heißt der Test oder das Experiment liefert konsistente Daten. Um das zu überprüfen, werden mehrfach Tests vorgenommen. Je geringer die Abweichungen zwischen Test und Retest sind, desto zuverlässiger ist das Verfahren und die Test-Retest-Realiabilität. Validität bedeutet Gültigkeit. Misst der Test oder das Experiment die Sachverhalte misst, die er oder es messen soll.

Burkhard	Objektivität: Unterschiedliche Forscher müssen bei der Durchführung eines Experimentes zum gleichen Ergebnis kommen. Reliabilität: Wiederholte Messungen unter denselben Rahmenbedingungen müssen zum selben Ergebnis führen. Validität: Das Experiment muss das messen, was es messen soll oder vorgibt zu messen.
Fröhlich	Objektivität bedeutet, dass mehrere unabhängige Auswerter zu übereinstimmenden Ergebnissen kommen. Reliabilität bedeutet, ein Maß oder Test misst das zu messende Merkmal exakt. Die Wiederholung einer Messung unter gleichen Bedingungen und Gegenständen führt zum gleichen Ergebnis. Validität bedeutet, der statistisch ermittelte Grad des Zusammenhangs zwischen dem Test und einem, für den Untersuchungssachverhalt relevanten Merkmal, ist gegeben.

Quelle: Eigene Darstellung[122]

Tabelle 5: Gütekriterien qualitativer Forschung

1. Detaillierte Dokumentation	Das Vorverständnis der Forscher, das Analyseinstrumentarium, die Durchführung und die Auswertung der Datenerhebung müssen festgehalten werden.
2. Argumentative Interpretation	Die Begründbarkeit und Verallgemeinerbarkeit der Ergebnisse sind wichtiger als die reinen Gütekriterien. Die Interpretationen müssen mit Argumenten begründet werden. Das adäquate Vorverständnis für eine sinnvolle Hinleitung zur Theorie muss vorhanden sein. Eine schlüssige Überprüfung von Alternativdeutungen muss vorliegen.
3. Regelgeleitetheit	Klar definierte Regeln für die Einordnung der Interaktionen müssen vorliegen.
4. Alltagsnähe	Die Abweichung des Untersuchungsdesigns von der (Arbeits-) Realität der Probanden sollte so gering wie möglich ausfallen.
5. Triangulation	Beschreibt die Erfassung eines Untersuchungsgegenstandes mit Hilfe verschiedener Methoden.

Quelle: Eigene Darstellung.[123]

[122] Vgl. Myers, Hoppe-Graff (2014), S. 416; Burkard (2008), S. 199; Fröhlich (2017), S. 348; ebd., S. 409; ebd., S. 497.
[123] Vgl. Terhart (1981), S. 769ff.; Hussy et. al. (2013), S. 287; Mayring (2016), o.S.

3.3 Untersuchungsumfeld und Stichprobe

Die Erarbeitung der vorliegenden Methodik findet im Zuge einer Abschlussarbeit zur Erreichung des Grades „Master of Science“ im Fachbereich Business Consulting & Digital Management statt. Der Ersteller der Arbeit ist Student an der Fachhochschule für Ökonomie und Management Essen am Standort Nürnberg. Das fachspezifische Hintergrundwissen im Bereich der Psychologie eignete er sich während seines Bachelor-Studiums an. Erfahrungen mit dem Arbeitsansatz von New Work und des agilen Projektmanagements erwarb er sich während des Studiums und in der beruflichen Praxis als Projektleiter von Softwareprojekten. In der Durchführung von quantitativer Forschung sammelte er zuvor keine Erfahrung. Diese Untersuchung ist die erste ihrer Art für den Forschungsleiter. Das Forschungsdesign und der Kriterienkatalog zur Beobachtung wurden von ihm persönlich erstellt.

Im Mittelpunkt der Untersuchung stehen Personen, die täglich in agilen Projektteams arbeiten. Die Untersuchung sollte für repräsentative Ergebnisse mindestens eine Stichprobengröße von 150 Personen und 25-30 Gruppen vorhalten. Das ist notwendig, um Rückschlüsse auf die Grundgesamtheit der Arbeitnehmer in agilen Projektteams ziehen zu können. Ist diese auf Stichproben oder Ausschnitte der Beobachtung begrenzt, ist die Auswahl der Stichprobe hinsichtlich der Repräsentativität umso wichtiger. In einer Ereignisstichprobe wie dieser, wird beobachtet, wie lange und oft die zuvor definierten Ereignisse auftreten. Sie erlaubt die Beobachtung selten auftretender Ereignisse besser als eine Zeitstichprobe, da sie keinem festen, zeitlichen Beobachtungsrhythmus folgen muss. Der Beobachter wartet auf die entsprechenden Ereignisse und protokolliert sie. Außerdem kann mit ihr der Zusammenhang von Hypothesen und die Kontingenz besser überprüft werden. Ereignisstichproben dienen der gezielten Untersuchung ausgewählter Verhaltensweisen und sind für diese Studie daher gut geeignet.[124]

Da der Untersuchungsgegenstand die Interaktionen der Gruppenmitglieder sind, müssen die Gruppengröße und der Interaktionsrahmen passend gestaltet sein. So kann gesteuert werden, dass es zu vielen Interaktionssequenzen kommt, die ausgewertet werden können.[125] Denn mit zunehmender Gruppengröße nimmt die Teilnahme am Gruppengeschehen pro Teilnehmer ab. Bei den passiveren Mitgliedern wirkt sich die Zurücknahme am stärksten aus, sodass sie kaum noch Beachtung finden. Die Entscheidungsqualität der Gruppe leidet unter der geringeren Anzahl an aktiven Teilnehmern und die Meinungen der passiveren Gruppenmitglieder sind unterrepräsentiert.[126]

[124] Vgl. Hussy et. al. (2013), S. 64.
[125] Vgl. Brodbeck (2007), S. 415ff.
[126] Vgl. Weingart (1997), S. 189ff.

Bevor die Methodik in einer Untersuchung der oben beschriebenen Größenordnung angewandt wird, wird zuvor eine experimentelle Erprobung durchgeführt. Diese wird in ihrer Durchführung in Kapitel 4 beschrieben und findet in der Theorie in diesem Kapitel nicht statt.

3.4 Fragebogen zur persönlichen Selbsteinschätzung der Teilnehmer

Zu Beginn der Untersuchung geben die Teilnehmer eine Selbsteinschätzung bezüglich ihrer Einstellungen und Verhaltensweisen zur Arbeit im Team ab. Ihre Auskünfte dienen dazu, den jeweiligen Probanden via Clusteranalyse in eine Rolle eines rangdynamischen Modells einzuordnen. Für die Interpretation der Gesamtergebnisse der Methode ist dies nutzbringend. Es lassen sich dadurch Rückschlüsse auf Interaktionen oder Selbsteinschätzungen von Leistungen im weiteren Verfahren der Untersuchung ziehen. Diese Datenerhebung liefert Vergleichsdaten für die Interpretation der Ergebnisse der weiteren Instrumente. Dieser Teil der Methodik wurde von einem Kommilitonen im Zuge seiner Abschlussarbeit zur Erlangung des Master of Science an der FOM Hochschule Essen entwickelt. Die detaillierte Umsetzung und die Erklärung der Hintergründe dazu finden in der Arbeit von Diszlberger statt.

Der Fragebogen ist in 60 Items und drei Teilbereiche untergliedert. Er beinhaltet soziodemografische Fragen, Fragen zum Teamsetting und Fragen zu Persönlichkeitseigenschaften und Verhaltensweisen. Die Befragung wird online durchgeführt. Die Teilnehmer erhalten den Link zum Fragebogen mehrere Wochen vor der Durchführung der Beobachtung per E-Mail. Es soll kein erkennbarer Zusammenhang zwischen den beiden Methoden bestehen, damit die Teilnehmer den Fragebogen unbeeinflusst beantworten. Über die Hintergründe der Befragung wird nur preisgegeben, dass es sich um eine Befragung zum Thema digitale Arbeitskultur und Erfolgsfaktoren der Teamarbeit handelt.

Der erwartete Beitrag dieses Instrumentes beruht auf der Einordnung der Probanden in das gruppendynamische Rollenmodell. Die gewonnenen Daten dienen als Bezugsbasis für die Interpretationen der Ergebnisse der anderen Methodenteile. Die beobachteten Verhaltensmuster können mit diesen Basisdaten in Bezug gebracht werden. Der Quervergleich, ob ein Proband in beiden Erhebungen der gleichen Rolle eines rangdynamischen Modells zugeschrieben wird, bildet einen Teilbeitrag zur Beantwortung der Forschungsfrage. In der Folge kann eventuell eine Vorhersagbarkeit von den Selbsteinschätzungen auf das zu beobachtende Verhalten in einem Planspiel abgeleitet werden.

3.5 Gruppenbeobachtung von Teilnehmern eines Planspiels

Versuche in Kleingruppen von drei bis acht Personen bilden das Rückgrat in der Erforschung gruppendynamischer Prozesse. Aus diesem Versuchsaufbau heraus ließen sich in der Vergangenheit bereits viele interessante Erkenntnisse in Bezug auf Dynamiken in Gruppen gewinnen.[127] Die Beobachtung erlaubt es, soziales Verhalten festzuhalten, wenn es tatsächlich geschieht. Aushandlungsprozesse und Geschlechtszuschreibungen können direkt in der Situation zu beobachtet werden.[128] Soziale Interaktion ist zur Beschreibung von Gruppen und ihren Dynamiken unerlässlich. Die wechselseitigen Abhängigkeiten der Gruppenmitglieder definieren eine Gruppe.[129]

Diese Betrachtungsweise weist einen sozialpsychologischen Ansatz auf, der aus der experimentellen Betrachtung der Gruppe entsteht. Die beobachtete Gruppe fungiert nicht als reiner Untersuchungsgegenstand, sondern als Ort, an dem das Sozialverhalten der Individuen untersucht werden kann.[130]

Die Methode der Gruppenbeobachtung ist offen gestaltet und die Beobachter sind nicht Teil der beobachteten Gruppe. Das Vorgehen zeichnet sich durch die systematische, regelgeleitete Registrierung von ausgewählten Merkmalen aus. Das erfolgt nach einem zuvor definierten Beobachtungsplan, der festlegt,

- welche Kategorien, Ereignisse, Merkmale beobachtet werden sollen.
- welche Relevanz die einzelnen Aspekte für die Beantwortung der Forschungsfrage besitzen.
- wie viel Interpretationsspielraum den Beobachtern zugestanden wird.
- in welchen Zeiträumen und Situationen die Beobachtung stattfindet.
- wie die beobachteten Vorkommnisse registriert und protokolliert werden.[131]

Es findet eine objektiv-direkte Messung mit aggregierten Daten statt. Das dient der Bestimmung des Einflusses der Quantität bestimmter Ereignisse auf den Gruppenerfolg. Im direkten Zusammenhang mit der Bearbeitung einer Aufgabe wird deren relative Häufigkeit auf funktionaler oder kommunikativer Ebene erfasst.[132] Diese aggregierten Maße eignen sich ebenfalls zur Erfassung des Beteiligungsgefälles in Gruppendiskussionen. So kann die durchschnittliche Anzahl, Länge und Dauer der Diskussionsbeiträge pro Teilnehmer gemessen werden.[133]

---

[127] Vgl. Antons (2004), S. 12.
[128] Vgl. Lamnek, Krell (2016), S. 516ff.
[129] Vgl. Lewin (1982), S. 204.
[130] Vgl. Krege (1977), S. 110.
[131] Vgl. Hussy et. al. (2013), S. 63.
[132] Vgl. Hirokawa (1983), S. 59ff.
[133] Vgl. Bonito, Hollingshead (1997), S. 227ff.

Das Vorgehen ist deduktiv und somit hypothesentestend angelegt. Es liegen bereits Annahmen zur Forschung vor, welche überprüft werden sollen.[134]

Zur Erhaltung der Objektivität der Beobachtung ist es nicht sinnvoll, die Ergebnisse des Fragebogens zur persönlichen Selbsteinschätzung der Probanden vorab zu sichten oder auszuwerten. Die Durchführung wird im Verlauf des Experiments in Kapitel 4 detailliert vorgestellt. Aus diesem Grund wird in diesem Kapitel darauf verzichtet.

Es gibt einige Planspiele, die für die Durchführung der Untersuchung geeignet sind. Es dient dabei nur als Szenerie der Beobachtung und soll dieser einen kompetitiven Rahmen geben. Es sollte ein Planspiel gewählt werden, dass Diskussionen und Konflikte hervorruft. Ziel ist es eine möglichst große Datenbasis durch viele Interaktionen zwischen den Probanden zu erhalten. Die detaillierte Vorstellung eines Planspiels ist nicht Teil der Arbeit. Im Rahmen des Experiments wird eines ausgewählt und in Kapitel 4 in seinen Grundzügen erläutert.

3.5.1 Aufbau und Inhalt

In der vorliegenden Untersuchung liegt der Schwerpunkt der Datenerhebung auf der quantitativen Herangehensweise. Während des Ablaufs eines vorgegebenen Planspiels werden die Teilnehmer bei dessen Lösung beobachtet. Der Zeitansatz der Untersuchung liegt, inklusive der Erklärungen und der Bearbeitung des Reflexionsfragebogens, zwischen 60 und 90 Minuten.

Das Experiment wird unter Laborbedingungen durchgeführt. Es sollen mehrere Gruppen, unter verschiedenen, vom Forscher vorgegebenen Bedingungen, untersucht werden. Auf diese Weise sollen Ursache-Wirkungs-Zusammenhänge, sowie Mediator- und Moderator-Effekte mit Hilfe statistischer Verfahren überprüft werden. Daten über Gruppenprozesse, individuelle Leistungen und Gruppenerfolg werden innerhalb der Versuchsbedingungen aggregiert und zwischen den Bedingungen verglichen. Die Kontrolle über die Versuchsbedingungen ist im Laborexperiment sehr hoch. Gruppenprozesse lassen sich im Labor sehr detailliert abbilden. Die Interaktionsinhalte sind weniger komplex als im Feld. Es wird keine Vorerfahrung seitens der Untersuchungspartner für die zu bearbeitenden Aufgabe vorausgesetzt. Durch die systematische Kontrolle der Bedingungen in Laborexperimenten kann eine sehr hohe interne Validität der Ergebnisse realisiert werden. Weiterführend kann in einem nächsten Schritt versucht werden, die gezeigten Effekte unter möglichst realitätsnahen Bedingungen im Labor zu wiederholen.

Die Messung dynamischer Variablen ist zeitintensiv und schwierig. Ein großer Vorteil von Laborexperimenten besteht darin, dass die Aufnahmen von Ton- und Video-

[134] Vgl. Brodbeck (2007), S. 415ff.

aufnahmen leichter möglich sind. In dieser Untersuchung wird darauf zurückgegriffen. Zur Abbildung von nonverbalen Interaktionen ist es vorzuziehen, die Prozesse per Videoaufnahme aufzuzeichnen. Die Gruppenmitglieder sind im Nachgang leichter zu identifizieren. Kritische Beobachtungen der Forscher können besser nachvollzogen und, falls notwendig, korrigiert werden. Zusätzlich werden keine wichtigen Interaktionen verpasst und die Durchsicht der Aufnahmen kann beliebig oft wiederholt werden. Der Versuchsaufbau dieser Forschung sieht es vor, dass parallel zur Videoaufnahme bereits eine Beobachtung durch ein Forscherteam durchgeführt wird.[135] Die Datenerhebung ist im direkten Austausch mit den Forschungssubjekten möglich.

Erklärungen vor, während und nach der Durchführung des Planspiels werden direkt vom Versuchsleiter vorgenommen. Missverständnissen wird so vorgebeugt. Die Beobachtungskriterien und die zu erfassenden Ausprägungen werden in einem Kriterienkatalog vorgegeben. Ein darauf abgestimmtes Beobachtungsprotokoll liegt für die Vermerke der Beobachter vor.

3.5.1.1 Grundlagen zur Erstellung des Kriterienkataloges

Der Aufbau und der Inhalt der Beobachtungskriterien sind ein wesentlicher Teil der gesamten Forschung. Der Kriterienkatalog dient dazu, die Interaktionen und Merkmale messbar zu machen, die wiederum die Operationalisierung der Rollen ermöglichen. Aus diesem Grund können die Beobachtungskriterien nicht willkürlich vorgegeben werden. Der erarbeitete Kriterienkatalog setzt sich aus unterschiedlichen Quellen zusammen. Zum einen orientiert er sich an den Rollenbeschreibungen aus den Modellen Schindlers, Vatters und Belbins.

Tabelle 6: Rolleneigenschaften nach König und Schattenhofer

Die Führenden	zurechtweisend, spontan, schlagfertig, emotionale Power überzeugend, Commitment einfordernd, verletzend, spitz, hart am Limit, ehrgeizig, selbstbewusst, arrogant
Die Harmoniestrebenden	beschützend, integrierend, ausgleichend, intervenierend, bevor es zu Spannungen kommt
Die Gute-Laune-Macher	lässig, offen, ironisch, sarkastisch
Die beteiligten Beobachter	aktive Passivität, tolerant, zuhörend, in sich ruhend, schweigend, abwägend

Quelle: In Anlehnung an König, Schattenhofer, Eigenschaften bestimmter Rollen, 2020, S. 50

[135] Vgl. Brodbeck (2007), S. 415ff.

Gerade Schindlers Rollen und Vatters Modell stehen als Validierungssubjekte im Fokus. Zum anderen kommen aus der Literatur ebenfalls Einflüsse hinzu, wie die von König und Schattenhofer. Ebenso wurde bei der Ausarbeitung der Beobachtungskategorien neben der Beobachtbarkeit auch der Aspekt der Auswertbarkeit berücksichtigt. Zwei wichtige Einflüsse waren dabei das SYMLOG-Verfahren von Bales und das Beobachtungsinstrument „act4teams" von Kauffeld.

Bales stellt den gruppendynamischen Raum dreidimensional dar. Um die Ausprägung eines Verhaltens oder einer Interaktion visuell bewerten zu können, gibt er dem dreidimensionalen Raum die Form eines Würfels.

Abbildung 5: Dreidimensionaler SYMLOG-Raum

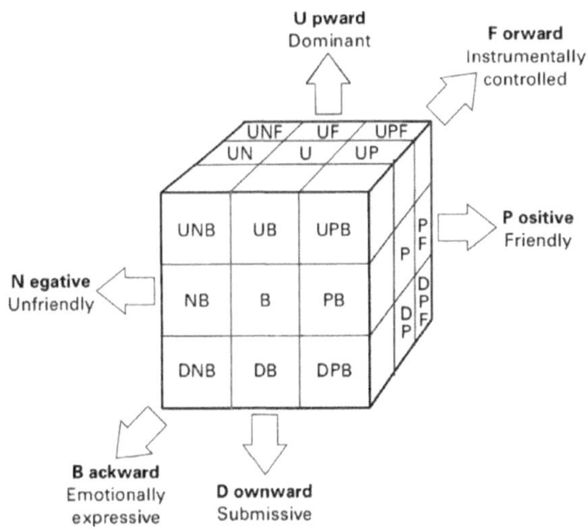

Quelle: In Anlehnung an *Bales,* Der dreidimensionale SYMLOG-Raum, 1982, S. 277

Er definiert die Mitte des Würfels als Nullpunkt, an dessen Stelle keine Aktion stattfindet. Wird von einem Beobachter eine Interaktion bemerkt, stuft er diese in den passenden Raum des Würfels ein, der in sechs Richtungen eingeteilt ist. Je nachdem, wie das Beobachtete einzuschätzen ist, entsteht eine Codierung aus bis zu drei Dimensionen. Bales unterscheidet dabei in gegensätzliche Dimensionen von dominant – unterwürfig, über positiv – negativ, bis hin zu emotional kontrolliert – emotional ausdrucksstark. Um die Ausprägungen schriftlich festzuhalten, entwickelte er einen Signierungsbogen. Auf diesem kann der Beobachter alle Interaktionen notieren, diese kurz beschreiben und in die definierten Dimensionen einordnen.

Tabelle 7: SYMLOG-Signierungsbogen

Lfd. Nr.	Zeit	Wer	Zu Wem	ACT NON	Richt. ACT NON	Äußerung / Kommentar	PRO / CON	Richt. des Elements	Vorstellungs-bild / Stufe
1						...			
2						...			

Quelle: In Anlehnung an *Bales*, SYMLOG-Signierungsbogen, 1982, S. 262

Kauffelds „act4teams" hat einige Gemeinsamkeiten mit älteren Verfahren zur Gruppenbeobachtung wie dem SYMLOG-Verfahren von Bales oder dem KONFKOD-Verfahren von Fisch aus den 1990er Jahren. Jede verbale Äußerung eines Teilnehmers kann nur in eine Kategorie ihres Systems eingeordnet werden. Dabei unterscheidet sie in vier übergeordnete Kategorien. Problemorientierte Aussagen beschreiben das vorliegende Problem oder zeigen Verbindungen zwischen anstehenden Herausforderungen auf. Zu dieser Kategorie gehören auch Aussagen zur Problemlösung und Ideenfindung. Kategorie zwei, die prozessorientierten Aussagen, sind zielorientiert, priorisieren oder visualisieren den Problemlösungsprozess. Sozial-emotionale Äußerungen führen in der Interaktion mit den anderen Gruppenmitgliedern zu deren Ermutigung, Teilhabe oder Gefühlsäußerung auf dem Weg zur Problemlösung. Die letzte Kategorie beinhaltet aktionsorientierte Aussagen, wenn Teilnehmer ausdrücken, Verantwortung für eine Maßnahme zur Zielerreichung zu übernehmen oder Aktionen zur Zielerreichung konkret planen. In den Kategorien zwei bis vier können die getroffenen Aussagen positive oder negative Ausprägungen haben. Gesetzte Pausen im Redefluss, Lachen oder Unterbrechungen durch andere Teilnehmer können separat aufgenommen werden. [136]

3.5.1.2 Kriterienkatalog zur Gruppenbeobachtung

Nach Berücksichtigung dieser Grundlagen sind die zu überprüfenden Variablen sichtbar und überprüfbar zu machen. Um die Variablen der Beobachtung oder der Erfassung zugänglich zu machen, müssen ihnen konkret messbare Größen zugeordnet werden. Erst dann kann überprüft werden, ob und in welcher Ausprägung die abstrakten, theoretischen Begriffe in der Realität vorliegen. Schließlich soll aus einer theoretisch-inhaltlichen Hypothese (TIH) eine empirisch-inhaltliche Hypothese (EIH) gemacht werden. Dies geschieht, sobald eine TIH operationalisiert werden konnte.[137]

[136] Vgl. Kauffeld et. al. (2018), S. 422ff.
[137] Vgl. Hussy et. al. (2013), S. 40.

Abbildung 6: Kodierschema act4teams für Gruppeninteraktionen

Problem-focused statements	Procedural statements	Socio-emotional statements	Action-oriented statements
Problem Describing a problem Connections with problems Defining the objective Solution Describing a solution Problem with a solution Arguing for a solution Organizational knowledge Knowing who Question	**Positive**: Goal orientation Clarifying Procedural suggestion Procedural question Prioritizing Time management Task distribution Visualization Summarizing **Negative**: Losing the train of thought (running off topic)	**Positive**: Encouraging participation Providing support Active listening Reasoned disagreement Giving feedback Humor Separating opinions from facts Expressing feelings Offering praise **Negative**: Criticizing/backbiting Interrupting Side conversations Self-promotion	**Positive, proactive**: Expressing positivity Taking responsibility Action planning **Negative, counterproductive**: No interest in change Complaining Seeking someone to blame Denying responsibility Empty talk Ending the discussion early

Quelle: Kauffeld et. al., Kodierschema act4teams für Gruppeninteraktionen, 2018, S. 423

Mit den vorgestellten Gruppenbeobachtungsmethoden wie von Bales und Kauffeld liegen bereits erprobte Schemen zur Beobachtung und Bewertung von Interaktionen in Kleingruppen vor. Bei einem Verzicht auf die Transkription der Ereignisse muss allen Beobachtern das Kodierschema unmissverständlich klar sein. Es muss Einigkeit darüber bestehen, wie die zu kodierenden Einheiten zu bilden sind.[138]

In der Kürze der Zeit und mit den vorhanden, personellen Ressourcen im Forschungsteam ist es nicht möglich, komplexere Beobachtungsmethoden wie die von Bales und Kauffeld zu erlernen und einzusetzen. Unerfahrene Beobachter benötigen einfache und leicht verständliche Beobachtungsbögen und -kriterien. Aus diesem Grund wurden eigene Beobachtungskriterien geschaffen.

Nach der Würdigung der Grundlagen und unter Berücksichtigung der vorgestellten Modelle und Theorien wurden zur Operationalisierung von gruppendynamischen Rollenmodellen folgende Beobachtungskriterien definiert:

[138] Vgl. Brodbeck (2007), S. 415ff.

1. Blickkontakt
2. Redeanteil
3. Lautstärke
4. Initiative
5. Mimik und Gestik
6. Dominantes Verhalten
7. Unterwürfiges Verhalten
8. Harmonisches Verhalten
9. Ablehnendes Verhalten

Zwei Kategorienbereiche gilt es zu unterscheiden. Zum einen die Punkte eins bis fünf als Beobachtungsmerkmale, die von den Forschern quantitativ zu berücksichtigen sind. Zum anderen die Verhaltensmerkmale sechs bis neun. Diese Verhaltensweisen sollen ebenfalls anhand ihres Auftretens zahlenmäßig erfasst werden. Gleichzeitig soll vermerkt werden, wem gegenüber ein Proband dieses Verhalten zeigt. Im besten Fall wird dazu ein Schlagwort notiert und ergänzt, ob die getätigte Äußerung einem Gruppenmitglied oder der gesamten Gruppe gilt.

Tabelle 8: Annahmen zur Operationalisierbarkeit der Interaktionen

Blickkontakt	Alpha hält am meisten und selbstverständlichsten Blickkontakt mit jedem Gruppenmitglied. Mitglieder einer gleichen Hierarchiestufe nehmen ähnlich viel Blickkontakt miteinander auf. Hierarchisch schlechter gestellte Personen halten weniger Blickkontakt zu ihrem Gegenüber aufrecht.
Redeanteil	Die Verteilung nimmt nach hierarchischer Struktur der Gruppe von Alpha zu Omega ab.
Lautstärke	Je nach hierarchischer Position sprechen Gruppenmitglieder selbstverständlich lauter oder bringen ihre Meinung zurückhaltender vor. Die Verteilung nimmt nach hierarchischer Struktur der Gruppe von Alpha zu Omega ab.
Initiative	Unter Beachtung der Themenführung, der Übernahme von Verantwortung und der Ergreifung von Machtsymbolen werden hierarchisch höher eingestufte Mitglieder mehr davon zeigen.
Mimik und Gestik	Raumgreifende und erklärende Gestik ist von Mitgliedern höherer Hierarchiestufen eher zu erwarten. Zurückhaltende Gestik impliziert eine untergeordnete Stellung in der Gruppe.

Dominantes Verhalten	Führungsverhalten und -anspruch wird von Alphas und eventuell Gammas stärker erwartet. Verbale, gestische, mimische Angriffe und Ablehnung wird von Alphas oder Gammas eher erwartet als von anderen Gruppenmitgliedern. Dies kann durch Zurechtweisen, Emotionalität, Ehrgeiz, harsche Wortwahl, Selbstbewusstsein, Arroganz geprägt sein.
Unterwürfiges Verhalten	Das Entgegennehmen von Aufträgen und deren Ausführung ist ein typisches Delta-Verhalten. Abgrenzung von der Gruppe, Resignation und das Zurücknehmen der eigenen Meinung deutet auf Omega-Verhalten hin. Je stärker dieses Verhalten gegenüber anderen Gruppenmitgliedern auftritt, desto schwächer scheint die hierarchische Stellung der Person in der Gruppe zu sein.
Harmonisches Verhalten	Ausgedrückt durch befriedende Gesten, den Versuch Harmonie herzustellen, Zustimmung, Lob, Vermittlung, Integrieren, Intervenieren vor oder bei Spannungen, Ausgleichen, Beschützen, Lässigkeit, Offenheit, Humor. Das sind Beta-Kennzeichen.

Quelle: Eigene Darstellung

Im Zentrum des Kriterienkataloges stehen die Anzahl und Ausprägungen rangdynamischer Konflikte. Es ist davon auszugehen, dass am Verhalten der Gruppenmitglieder in konfliktbehafteten Interaktionen am besten ausgemacht werden kann, welches Individuum sich durchsetzt. Per Definition der Kriterien folgt daraus, dass es bezüglich seines Rangs, seiner Macht, seines Einflusses in der Gruppe besser aufgestellt sein muss als das unterlegene Gegenüber.

3.5.2 Auswertung

Die Auswertung der Beobachtungsdaten erfolgt in einem mehrstufigen Prozess. An erster Stelle steht die gemeinsame Durchsicht der Beobachtungsbögen innerhalb des Beobachtungsteams. Dann werden die gewonnenen Eindrücke abgestimmt, um dem Gütekriterium der argumentativen Interpretation gerecht zu werden. Das kann als Schritt zur Datenaufbereitung gesehen werden. Das Ziel der Datenaufbereitung im Bereich der quantitativen Methoden besteht darin,

1. Daten, die nicht in quantitativer Form vorliegen, in Zahlenform zu überführen.
2. diese quantitativen Daten in ein analysierbares Datenformat zu übertragen.
3. die Daten so zu organisieren, dass sie im Hinblick auf die Fragestellung oder Hypothesen effektiv analysiert werden können.[139]

[139] Vgl. Hussy et. al. (2013), S.168.

Die Daten dienen der Erfassung, wie sich die Gruppe das Gruppenergebnis des Planspiels erarbeitet hat. Am Schluss der quantitativen Betrachtung soll eine Einordnung der Teilnehmer in die Rollen nach Vatters Modell vorgenommen werden.

Zu Beginn nehmen die Beobachter der Reihe nach Stellung zu ihren Beobachtungen pro Kategorie und Proband. Am Ende der Abstimmung soll ein gemeinsam abgestimmter Beobachtungsbogen abgeleitet werden. Zur Bewertung der Probanden in den einzelnen Kategorien des Beobachtungsbogens wird dabei auf die Addition der quantitativen Notizen und Anmerkungen zurückgegriffen, welche die Beobachter zu den Teilnehmern vorgenommen haben. Die absolute Anzahl an Bemerkungen in einer Kategorie entscheidet über die stärkste Ausprägung bei den Individuen. Bei Gleichstand der Anzahl an Notizen bei mehreren Probanden innerhalb einer Kategorie, wird ein Ausrufezeichen bei dem Teilnehmer gesetzt, welcher der Mehrheit der Forscher mit dieser Verhaltensweise aufgefallen ist. Dieses Vorgehen ist bedarfsgerecht einzusetzen. Sind Entscheidungen schwer zu treffen oder liegen Argumente für und wider vor, sind Schlüsselszenen der Beobachtung anzuführen, die das entsprechende Verhalten des Teilnehmers belegen. Zu diesem Zweck wird das Planspiel auf Video aufgenommen. Im Anschluss können die Daten der Beobachtung ausgewertet werden. Die Ausprägungen auf dem zusammengeführten Beobachtungsbogen werden mit der Definition der Kategorien abgeglichen. Anhand dessen ist abzulesen, welcher Proband welcher Rolle nach dem rangdynamischen Modell von Vatter zuzuordnen ist. Die Ergebnisse sind aus Datensicherungsgründen elektronisch zu erfassen und zu speichern.

3.6 Reflexion des Laborexperiments durch die Teilnehmer

Um die Methodik abzurunden, beantworten die Teilnehmer nach dem Planspiel einen kurzen Fragebogen. Sie sollen das Wirken, die Leistung und das Engagement von sich, den anderen Teilnehmern und der Gruppe bewerten. Die Intention ist, Daten aus erster Hand und zeitnah nach Durchführung des Planspiels über die Teilnehmer und das Spiel zu erhalten. Im direkten Anschluss sind die Eindrücke der Probanden ungefiltert und unbeeinflusst. Sie können sich gut in ihre Gefühlswelt zu dem gerade Erlebten hineinversetzen und haben prägnante Situationen im Kurzzeitgedächtnis gespeichert.

Der Fragebogen besteht aus elf Fragen, die auf die persönliche Motivation, die Zusammenarbeit in der Gruppe, das Engagement und das Wohlbefinden in der Gruppensituation abzielen. Die Fragen sind in einer sechsstufigen Ordinalskala von „gar nicht“ bis „äußerst“ zu beantworten. Manche Fragen sind unterteilt und bieten die Möglichkeit, sich zu der eigenen Leistung oder der Leistung anderer Teilnehmer stichpunktartig zu äußern. Es handelt sich auch hier um ein deduktives Verfahren.

Bei der Konzeption wurde darauf geachtet, dass der Fragebogen möglichst kurzgehalten ist und die Fragen prägnant formuliert sind. Die Beantwortung nimmt nicht mehr als fünf Minuten im Nachgang des Planspiels in Anspruch.

Die Teilnehmer beantworten den Fragebogen räumlich getrennt voneinander. Es soll keine Beeinflussung der Teilnehmer untereinander möglich sein. Für die Zuordnung der Einschätzungen muss der Name des Probanden auf dem Bogen erfasst werden. Die Beantwortung soll intuitiv vorgenommen werden, um möglichst wahrheitsgemäße Antworten zu erhalten.

Als erwarteter Beitrag zur Gesamtmethodik soll eine Korrelation zwischen dem Einfluss, den ein Teilnehmer auf das Ergebnis des Planspiels genommen hat, zur selbsteingeschätzten Teilhabe an eben diesem hergestellt werden. In der Betrachtung der Einzel- und Gruppenergebnisse des Planspiels kann das abgeglichen werden. Folglich kann ein Bezug des Einflusses eines Teilnehmers auf das tatsächliche Gruppenergebnis verglichen zum persönlich wahrgenommenen Einfluss auf das Gruppenergebnis hergestellt werden.

Im Vergleich mit den Beobachtungsergebnissen kann die persönliche Wahrnehmung der Teilnehmer von Quantität und Qualität der Konflikte verglichen werden. Beschreiben Teilnehmer im Reflexionsfragebogen viele Konflikte während des Planspiels, sollte sich das mit den Beobachtungsdaten der Beobachter decken.

Die Art und Weise, wie sich Personen über das Engagement anderer Teilnehmer äußern, lässt Rückschlüsse auf ihre Position in der Gruppe zu. Es wird angenommen, dass ranghöhere Teilnehmer mehr Engagement von rangniedrigeren Teilnehmern einfordern als umgekehrt. Zugleich wird angenommen, dass sich rangniedrigere Teilnehmer in einer Gruppendiskussion wahrscheinlicher unwohl fühlen oder durch Teilnehmer ein unbehagliches Gefühl wahrgenommen haben.

Da einige Einschätzungen stark von Vermutungen und Annahmen ausgehen, ist der Quervergleich mit den Ergebnissen der anderen Teilmethoden der Forschung sehr wichtig. Es geht in erster Linie um das Sammeln von Indizien, die Annahmen aus der Beobachtung stützen oder entkräften.

4 Experimentelle Erprobung der Methodik

Nach der Erarbeitung einer Methodik zur Validierung rangdynamischer Prozesse, ist es für die Weiterentwicklung der Methodik notwendig, sie in der Praxis zu erproben. In Form eines Laborexperiments sollen die Stärken und Schwächen der Methodik aufgezeigt werden. Die gewonnenen Erkenntnisse helfen, die entworfene Methodik vor ihrer Verwendung in einer größer angelegten Studie, zu verbessern.

4.1 Untersuchungsumfeld und Stichprobe

Für die Durchführung des Experiments erhielt der Forschungsleiter Unterstützung von Kommilitonen und seinem Betreuer. Das tat dem Anspruch des Gütekriteriums der Objektivität Genüge. Im Bereich der Datenauswertung würde so die argumentative Interpretation der Beobachtungsergebnisse gewährleistet. Als Versuchsumfeld konnte eine Gruppe von Personen einer Softwareentwicklungsfirma gewonnen werden. Ein besonderes Merkmal ihrer Unternehmenskultur ist die starke kompetenzhierarchische Ausrichtung. Das Unternehmen weist sehr flache Hierarchiestrukturen auf. Im Hause des Softwareentwicklers ist es üblich, dass in zweiwöchigen Abständen digitale Weiterbildungsformate angeboten werden. Dabei werden Gastbeiträge aus unterschiedlichsten wissenschaftlichen und nicht-wissenschaftlichen Bereichen über MS Teams bereitgestellt. Im Zuge dieses Formates konnte die experimentelle Erprobung der Methodik mit freiwilligen Teilnehmern durchgeführt werden.

Das Experiment fand in einem Besprechungsraum der Firma statt und konnte von interessierten Zuschauern via MS Teams beobachtet werden. Die benötigten Probanden waren zufällig und in ausreichender Anzahl vor Ort. Ihnen wurde vorab lediglich mitgeteilt, dass die Durchführung einer praktischen, wissenschaftlichen Erhebung, im Rahmen der Persönlichkeitsforschung in der digitalen Arbeitskultur, geplant ist. Die Unvoreingenommenheit der Teilnehmer war damit gewahrt. Sechs Personen, vier Damen und zwei Herren, nahmen teil. Die Beteiligten waren sich untereinander bekannt. Allerdings wurde in der vorliegenden Teamkonstellation noch nicht zusammengearbeitet.

Tabelle 9: Teilnehmerübersicht des Experiments

Alias	Geschlecht	Alter in Jahren	Arbeitsbereich
P1	Männlich	35-45	IT
P2	Weiblich	50-60	Empfang
P3	Weiblich	30-40	Marketing
P4	Weiblich	25-35	Personal
P5	Männlich	55-65	Marketing/ PR
P6	Weiblich	35-45	Geschäftsführung

Quelle: Eigene Darstellung

4.2 Vorbereitung und Versuchsaufbau

Der bereitgestellte Besprechungsraum durfte durch das Forscherteam angepasst werden. Das Mobiliar wurde aus dem Bewegungsradius der Probanden entfernt, um Gestiken durch Hinsetzen oder Anlehen nicht zu verhindern. Das Experiment wurde mit einer Kamera begleitet und mit einem Diktiergerät aufgenommen.

Als Aufgabenstellung für die Probanden in der Beobachtungssituation wurde das NASA-Planspiel ausgewählt. Es ist eine spielerische Methode zur Gruppenarbeit, Kommunikation und Gruppendynamik. Es dient dazu, Entscheidungsfindungsprozesse in Einzel- und Gruppenarbeit zu veranschaulichen. Das Planspiel wurde in den 1970er Jahren von der NASA entwickelt, um Astronauten auf ihre Mondmission vorzubereiten.[140] NASA-Experten haben dazu eine Musterlösung erstellt. Es liegt somit ein objektiver Vergleichswert für den Einzel- und Gruppenerfolg vor. Daher bietet es sich an, sowohl die Individualergebnisse der Probanden als auch das erstellte Gruppenergebnis mit der Musterlösung zu vergleichen.[141] Zusätzlich besteht die Möglichkeit, die Ergebnisse mehrerer Gruppen zur Erfassung von Erfolgsparametern oder effizienter Zusammenarbeit im Team gegenüberzustellen.

Im Zuge dieser Arbeit liegt der Fokus auf den Abweichungen der Einzellösungen der Probanden im Vergleich zur Gruppenlösung. Basierend auf den Annahmen dieser Arbeit spiegelt sich die Durchsetzungskraft der Probanden im Einfluss ihres Individualergebnisses auf die Gruppenlösung des Planspiels wider. Je größer die Übereinstimmung des Individualergebnisses eines Probanden mit dem Endergebnis der Gruppe

[140] s. Anhang 2 – Ausgangssituation und Liste der Gegenstände des Planspiels
[141] s. Anhang 3 – Musterlösung der NASA und Auswertungsbeschreibung

ist, desto höher ist sein Einfluss und seine hierarchische Position in der Gruppe einzuschätzen. Weitere Indizien dazu lassen sich durch die Beobachtungen der Interaktionen während des Planspiels in der Gruppe ableiten. Als Basis zur Validierung rangdynamischer Rollen und Prozesse wird das Rangdynamikmodell von Vatter herangezogen. Es wird durch die geschaffenen Beobachtungskriterien aus Kapitel 3.5.1.2. messbar gemacht.

Von Seiten des Forschungsteams waren 5 Beobachter anwesend. Bevor die Probanden den Raum betraten, stimmten die Beobachter den Ablauf der Untersuchung, die Beobachtungskriterien und ihre Beschreibung auf den Beobachtungsbögen während des Experiments ab.[142] Damit wurde ein einheitliches Verständnis der Beobachtungskriterien hergestellt und die Einschätzung der zu beobachtenden Aktionen der Probanden durch die Forscher konnte übereinstimmend vorgenommen werden.

Folgende Materialien wurden für das Planspiel vorbereitet:

- Handykamera mit Stativ
- Beobachtungsbögen
- Teilnahmebedingungen
- Beschreibung des Planspiels
- Listen mit Gegenständen für Individuallösungen
- Whiteboard mit Magneten
- Wecker
- Diktiergerät
- Klebezettel für Namensschilder der Teilnehmer
- Beschriftete Kärtchen mit den Gegenständen des Planspiels

Um das Einverständnis der Probanden, auch über die Kameraaufnahmen, schriftlich einzuholen, wurde eine Teilnahmeerklärung zur Unterschrift vorgelegt.[143] Diese Erklärung wurde von allen Teilnehmern gelesen, unterschrieben und mit der geschäftlichen E-Mail-Adresse ergänzt. Das diente dazu, den Teilnehmern im Anschluss an das Planspiel den Selbsteinschätzungsfragebogen zukommen zu lassen, um die Triangulation der Forschung einhalten zu können. Vor der Durchführung des Planspiels bot sich dazu keine Möglichkeit.

[142] s. Anhang 4 – Beobachtungsbogen
[143] s. Anhang 1 – Teilnahmebedingungen und -bestätigung

4.3 Ablauf und Durchführung

Den Teilnehmern wurde der Ablauf des Planspiels erläutert.[144] Der Inhalt und die Szenerie des Planspiels wurden den Probanden schriftlich ausgehändigt. Sie sollten sich so gut wie möglich in die Situation des Planspiels hineinversetzen.

Vor Beginn der Gruppendiskussion wurden die Teilnehmer unter den Beobachtern zur Beobachtung aufgeteilt. Das gewährleistete, dass das Agieren aller Teilnehmer angemessen festgehalten werden konnte. Die Probanden wurden in zwei Dreiergruppen aufgeteilt. Eine Dreiergruppe wurde von drei und die andere Dreiergruppe von zwei Forschern beobachtet. Besonders markantes Verhalten von Teilnehmern durfte auch gruppenübergreifend erfasst werden.

Innerhalb der ersten zehn Minuten erstellte jeder Teilnehmer eine eigene Lösung des Planspiels. Die Individuallösung durfte in den zweiten Teil des Planspiels, die Gruppendiskussion, mitgenommen werden. Es war allerdings untersagt, Anpassungen daran vorzunehmen. Die Individuallösungen mussten zu Auswertungszwecken im Anschluss an die Gruppendiskussion mit dem Namen versehen und abgegeben werden. Das Individualergebnis fungierte als Gedankenstütze und hielt Anhaltspunkte für die Diskussion in der Gruppe bereit. Die Möglichkeit, das Individualergebnis mit dem aktuellen Diskussionstand der Gruppe vergleichen zu können, bot einen Ansatzpunkt für Diskussionen und Konflikte im Team, die es zu beobachten galt.

Die Aufgaben- und Zielstellung wurde den Teilnehmern nochmals verdeutlicht. Nachdem keine Unklarheiten bestanden, wurde die Diskussion für 45 Minuten freigegeben. Die Forscher bewerteten das Verhalten der Probanden, abweichend von der Theorie der Methodik, nicht mit Strichlisten, sondern mit +/- Zeichen in den entsprechenden Kategorien des Beobachtungsbogens. Wenn ein bemerkenswertes, eindeutig zuordenbares Verhalten vorlag und der positiven Ausprägung einer Kategorie entsprach, wurde ein + notiert.[145] Zum Beispiel hielt P6 in Minute 20 während einer Diskussion mit P1 und P5 stetig Blickkontakt mit dem jeweils angesprochenen Gegenüber. Ein entgegengesetztes Verhalten wurde mit einem - gekennzeichnet. In Minute 25 meldete sich P4 öfter zu Wort, allerdings eher fragend und leise, sodass sie von P1 und P6 mehrfach übertönt wurde. Das führte zu einem – in den Kategorie Lautstärke bei P4.

Um die Drucksituation und das Konfliktpotential zu erhöhen, wurde die Gruppe mehrmals mit dem Faktor Zeit konfrontiert. Dies geschah nach Ablauf der Hälfte der 45 Minuten, vor Anbruch der letzten 15 Minuten und vor Anbruch der letzten fünf Minuten des Planspiels. In der letzten Minute wurde das Einverständnis aller Teilnehmer zur geschaffenen Lösung eingeholt. Die Gruppe hatte das bereits aus sich heraus

[144] s. Anhang 2 - Ausgangssituation und Liste der Gegenstände des Planspiels
[145] s. Anhang 4 – Beobachtungsbogen

eingeleitet. Die Einigkeit über die Gruppenlösung stellte eine wesentliche Bedingung des Planspiels dar, um die Diskussionsfreudigkeit der Gruppe hochzuhalten. Alle Teilnehmer gaben nach der Reihe ihre Zustimmung zur Gruppenlösung ab.

Nach Ablauf der Bearbeitungszeit wurde die Gruppenlösung fotografisch dokumentiert und die Aufnahmen in Ton und Video beendet. Es folgte eine kurze Nachbesprechung des Planspiels. Da es keine Anmerkungen oder Fragen der Teilnehmer gab, wurde die Bearbeitung der Fragebögen zur Reflexion des Planspiels erläutert.[146] Die Bögen wurden ausgeteilt und von den Probanden schriftlich beantwortet. Eine räumliche Trennung der Teilnehmer war vor Ort nicht möglich. Die Fragebögen wurden nach der Beantwortung mit den Namen der Teilnehmer beschriftet und eingesammelt. Damit wurde der Vorversuch beendet und die Räumlichkeiten verlassen.

4.4 Auswertung der experimentellen Erprobung der Methodik

Die Auswertung der Daten folgte der methodisch festgelegten Systematik aus Kapitel 3.5.2. Zuvor mussten die Daten aufbereitet werden und in eine auswertbare, interpretierbare Form gebracht werden. Im Anschluss konnten die Daten der Beobachtung und die Ergebnisse des NASA-Planspiels ausgewertet werden und als Ergebnisse für die Einordnung der Teilnehmer in das rangdynamische Rollenmodell von Vatter bereitgestellt werden.

Zur Anonymisierung der Daten wurde mit Alias-Namen für die Teilnehmer gearbeitet. Dabei wurden die Bezeichnungen „P1" bis „P6" aus Tabelle 9 verwendet. In der Datenaufbereitungs- und der Auswertungsphase wurden die identischen Pseudonyme für dieselben realen Personen verwendet, damit im Nachgang eine Verbindung der Ergebnisse für ihre Interpretation möglich war.

4.4.1 Auswertung der Beobachtung der Teilnehmer des Planspiels

Die Daten der Gruppenbeobachtung dienten der Feststellung, wie sich die Gruppe ihr Gruppenergebnis erarbeitet hat. Die Beobachtungen wurden im Sinne der Gütekriterien im Kreis der Beobachter diskutiert. Dazu wurde ein Besprechungstermin vereinbart, um die Ergebnisse der Beobachtung abzustimmen. Ziel war es, die Daten nach dem Schema aus Kapitel 3.5.2. zu organisieren, sodass sie im Hinblick auf die Fragestellung effektiv analysiert werden konnten. Die Zusammenführung der Einzelbeobachtung der Forscher zu einem abgestimmten Beobachtungsbogen stellte die Datenaufbereitung dar.

[146] s. Anhang 6 – Reflexionsfragebogen zum Laborexperiments

Zur Bewertung der Probanden in den einzelnen Kategorien wurde, von der Theorie abweichend, dabei auf die Addition der +/- Zeichen zurückgegriffen, welche die Beobachter während des Vorversuchs auf ihren Beobachtungsbögen eingetragen hatten. Die Beobachtungsmatrix wurde hierfür auf ein Whiteboard gezeichnet. Kategorie für Kategorie und Proband für Proband wurde der Beobachtungsbogen besprochen. Ein Forscher stand an der Tafel und notierte die +/- Zeichen, je nach Wortmeldung der übrigen Beobachter. Bei Gleichstand von +/- Zeichen bei mehreren Probanden innerhalb einer Kategorie, wurde ein Ausrufezeichen bei dem Teilnehmer gesetzt, welcher der Mehrheit der Forscher während des Vorversuchs mit dieser Verhaltensweise aufgefallen war. Dies war nicht in jeder Kategorie notwendig und wurde daher optional eingesetzt. Waren die Entscheidungen schwierig zu treffen, wurden Schlüsselszenen der Beobachtung angeführt, die das entsprechende Verhalten des Teilnehmers belegten. Für diesen Zweck wurde die Beobachtung auf Video aufgenommen.

4.4.2 Auswertung der Lösungen des Planspiels

Die Ergebnisse des Planspiels wurden benötigt, um den Erfolg der Gruppenarbeit und ihre Effizienz zu betrachten. Die quantifizierten Abweichungen der Einzel- und der Gruppenlösung von der Musterlösung der NASA lieferten dafür Anhaltspunkte. Für deren Aufbereitung wurde ein anderes Vorgehen gewählt. Die Rohdaten lagen als Fotodokumente und handschriftliche Notizen vor. Die Individuallösungen, die Gruppenlösung des Planspiels und die Musterlösung der NASA wurden in eine Excel-Tabelle überführt. Diese Excel-Tabelle diente als Berechnungsbasis für die Errechnung der Abweichungen zwischen den verschiedenen Lösungen.

Bei der Datenaufbereitung der Individuallösungen mussten Korrekturen vorgenommen werden, um diese ordnungsgemäß mit der NASA-Musterlösung und der Gruppenlösung des Planspiels vergleichen zu können. Bei zwei von sechs Datenträgern waren die Reihenfolgen der Gegenstände nicht eindeutig identifizierbar und mussten im Sinne der Probanden angepasst werden. Für jeden Gegenstand wurde die Differenz zum Rangplatz der Musterlösung der NASA berechnet und als absolute Zahl notiert.

$$\sum^{i}(X_i - X_{i,Py}) \quad [147] \qquad (1)$$

Zum Abschluss der Auswertung wurden alle Differenzen addiert. Je niedriger die Summe der Differenzen ausfiel, desto näher lag die Lösung an der Musterlösung. In gleicher Weise wurde die Gruppenlösung ausgewertet.

[147] X_i ≙ Position des Gegenstands in der Musterlösung der NASA; $X_{i,Py}$ ≙ Position des Gegenstandes in der Lösung des Probanden Y.

4.5 Ergebnisse der experimentellen Erprobung der Methodik

Die Beschreibung der Ergebnisse wurde in drei Teilen durchgeführt. Im ersten Teil wurden die Individualergebnisse der Teilnehmer des Planspiels eruiert. Teil zwei der Ergebnisse stellte die Leistung der Gruppe in den Vordergrund. Dies diente zur Betrachtung des Gruppenergebnisses des Planspiels, im Vergleich zur Musterlösung der NASA.[148] Gleichzeitig wurde berücksichtigt, welche Teilnehmer sich anhand ihres Individualergebnisses am stärksten im Gruppenergebnis widerspiegelten. Der dritte Teil der Ergebnisse diente der Darstellung der Beobachtungen der Interaktionen in der Gruppe, während der Erarbeitung der Gruppenlösung des NASA-Planspiels.

4.5.1 Ergebnisse der Individuallösungen des Planspiels

Die Individuallösungen der Teilnehmer wurde mit der Musterlösung verglichen. P5 und P6 gelang es sechsmal, einen Gegenstand korrekt zu positionieren. Das waren die Bestwerte der Gruppe.

P2 erzielte beim „Magnetkompass", mit 12 Punkten, die höchste Einzelabweichung bei einem Gegenstand, wie Tabelle 10 zeigt.

Die geringsten Differenzen zur Musterlösung wiesen P6 mit 28 Punkten und P3 und P5 mit 30 Punkten auf. Sie lagen bei maximal drei Gegenständen mehr als drei Punkte von der Musterlösung entfernt. Die Probanden mit großen Differenzen zur Musterlösung, P1, P2 und P4, bewegten sich zwischen 48 und 58 Punkten Differenz. Sie wichen bei bis zu sechs Gegenständen mit mehr als drei Punkten von der Musterlösung ab.[149] Die höchste Abweichung hatte P4 mit 58 Punkten (Abbildung 7).

Die Gegenstände „Trockenmilch" und „tragbares Heizgerät" verursachten bei vier Probanden eine Abweichung von mindestens vier Punkten. Das „tragbare Heizgerät" sorgte, mit insgesamt 34 Abweichungspunkten, für die insgesamt höchste Anzahl der Differenzen, über alle Individuallösungen der Teilnehmer hinweg. Ähnlich hohe Abweichungen wurden auch bei der „Trockenmilch" und dem „Sternatlas" mit 31 und 27 Punkten erreicht. Die „20 Liter Wasser" und die „Fallschirmseide", mit sechs und sieben Punkten Differenz, wurden von den Probanden am treffendsten eingestuft, wie Abbildung 8 zeigt.

---

[148] s. Anhang 3 – Musterlösung der NASA und Auswertungsbeschreibung

[149] Abweichungen von mehr als drei Punkten werden als deutliche Abweichungen angesehen. Abweichungen von 1-3 Punkten treten bei einer Menge von möglichen 6^{15} Kombinationen zu häufig auf.

Tabelle 10: Vergleich der Musterlösung mit den Einzelergebnissen

Gegenstände	Lsg.	P1	P2	P3	P4	P5	P6
2x 100kg Sauerstoff	1	1	1	1	9	1	1
20l Wasser	2	2	6	2	1	2	3
Sternatlas	3	9	11	5	2	10	6
Lebensmittelkonzentrat	4	8	5	3	11	3	5
Mit Sonnenenergie betriebener UKW-Sender / -Empfänger	5	6	13	4	12	5	4
50m Nylonseil	6	10	8	9	4	6	9
Erste-Hilfe-Koffer inkl. Injektionsnadeln	7	7	10	7	6	7	11
Fallschirmseide	8	11	7	10	7	8	8
Sich selbst aufblasendes Rettungsfloß	9	5	9	11	8	11	7
Signalleuchtkugeln	10	12	3	15	14	12	10
2x Pistole Kal. 45	11	14	4	12	13	14	13
Trockenmilch	12	4	12	6	3	4	12
Tragbares Heizgerät	13	3	14	8	10	9	2
Magnetkompass	14	15	2	14	15	15	14
Streichhölzer	15	13	15	13	5	13	15
Abweichung	-	**48**	**54**	**30**	**58**	**30**	**28**

Quelle: Eigene Darstellung

Abbildung 7: Gesamte Abweichungen der Einzellösungen und des Teams von der Musterlösung

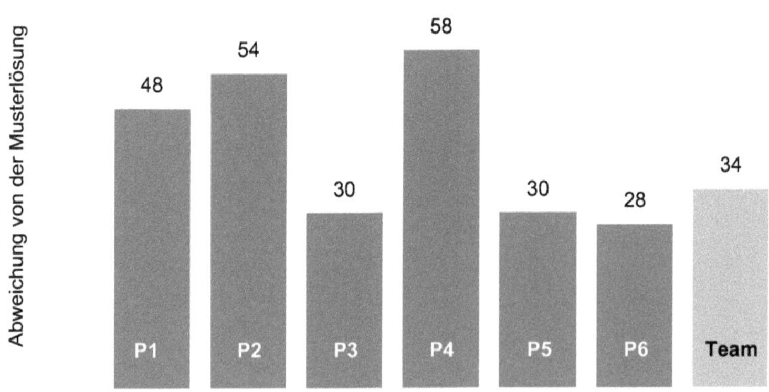

Quelle: Eigene Darstellung

Abbildung 8: Abweichungen der Einzellösungen von der Musterlösung nach Gegenstand

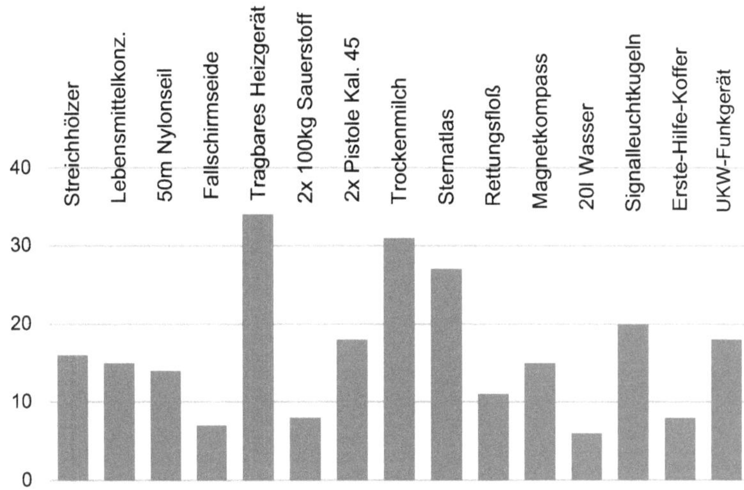

Quelle: Eigene Darstellung

4.5.2 Ergebnisse der Gruppenlösung des Planspiels

Die Gruppenlösung wurde ebenfalls mit der Musterlösung verglichen. Ziel war es, im Anschluss daraus die Durchsetzungsfähigkeit der Teilnehmer interpretieren zu können. Die Abweichungen zwischen der Teamlösung und den Individuallösungen der Probanden sollten darüber Aufschluss geben, welche Teilnehmer sich mit ihrer individuellen Lösung in der Gruppe behaupten konnten. Daraus sollten Ansatzpunkte für die Einordnung in das rangdynamische Rollenmodell von Vatter gewonnen werden.

Die Teamlösung lag insgesamt 34 Punkte von der Musterlösung entfernt. Verglichen mit den Einzellösungen, wies die Hälfte der Teilnehmer eine Lösung mit weniger Abweichungen von der Musterlösung auf. Abbildung 7 zeigt, dass die anderen Teilnehmer hingegen teilweise doppelt so hohe Abweichungen von der Musterlösung verbuchten wie die Gruppenlösung.

Am meisten von der Gruppe überschätzt wurden das „tragbare Heizgerät" und das „sich selbst aufblasende Rettungsfloß" mit neun und sechs Punkten Differenz zur Musterlösung. Am stärksten vom Team unterschätzt wurde der „Sternatlas" mit neun Abweichungspunkten. Richtig eingeschätzt hatte die Gruppe hingegen die „50m Nylonseil", die „2x 100kg Sauerstoff", die „20l Wasser" und die „Signalleuchtkugeln". Das geht aus Abbildung 9 hervor.

Abbildung 9: Abweichungen der Gruppenlösung von der Musterlösung

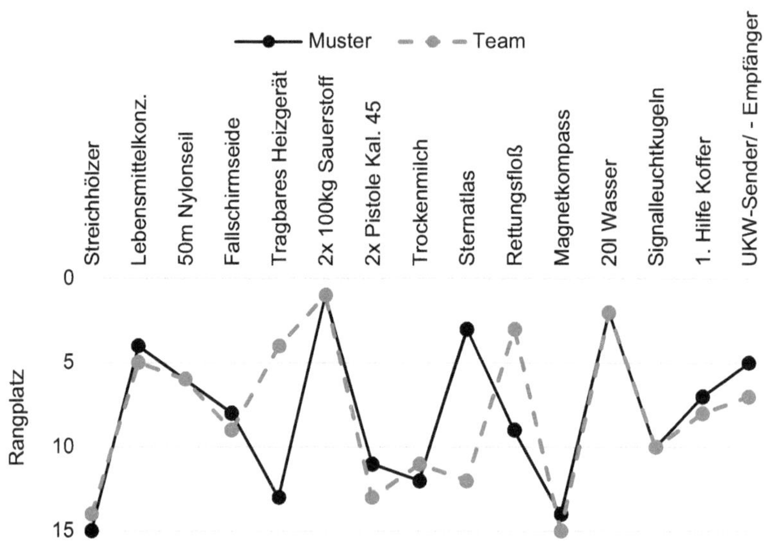

Quelle: Eigene Darstellung

Bezogen auf die Durchsetzungsfähigkeit der Probanden, waren die Abweichungen der Individuallösungen von der Teamlösung interessant. Die geringsten Unterschiede zur Gruppenlösung wiesen drei Probanden auf. P6 hatte nur 26 Punkte Differenz, P1 28 und P5 32. P2, P3 und P4 lagen zwischen 42 und 68 Punkte von der Gruppenlösung entfernt. Die höchste Abweichung von der Gruppenlösung wies P4 mit 68 Punkten auf, wie Abbildung 10 zeigt.

Abbildung 10: Abweichungen der Einzellösungen von der Gruppenlösung

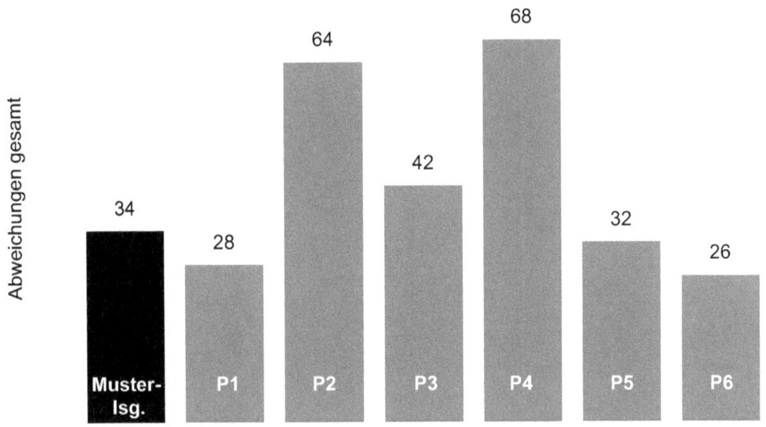

Quelle: Eigene Darstellung

P5 wies vier Gegenstände ohne Abweichung zur Gruppenlösung auf. P1 und P6 folgten mit jeweils drei. P2, P3 und P4 schafften dies je zweimal. Hier fiel der Unterschied zwischen den Probanden klein aus. P2 erzielte auch bei der Gruppenlösung, mit 13 Punkten beim „Magnetkompass", die höchste Einzelabweichung bei einem Gegenstand. Wie in Abbildung 11 ersichtlich ist, war P2 auch der einzige Proband, der bei mehr als einem Gegenstand eine Abweichung von mehr als zehn Punkten von der Gruppenlösung vorzuweisen hatte. P1, P5 und P6 hatten lediglich zwei bis drei Gegenstände in ihrer Lösung, die deutlich von der Gruppenlösung abwichen. Bei P2, P3 und P4 waren es zwischen fünf und neun Gegenstände, die eine deutliche Abweichung zur Gruppenlösung aufwiesen.[150] Mit 33 Punkten insgesamter Abweichung war sich die Gruppe beim Gegenstand des „sich selbst aufblasenden Rettungsfloßes" am unschlüssigsten. Die geringsten Differenzen in der Einschätzung gab es bei den „20 Liter Wasser" mit nur sechs Differenzpunkten, was Abbildung 12 belegt.

[150] Abweichungen von mehr als drei Punkten werden als deutliche Abweichungen angesehen. Abweichungen von 1-3 Punkten treten bei einer Menge von möglichen 6^{15} Kombinationen zu häufig auf.

Abbildung 11: Abweichungen der Einzellösungen von der Gruppenlösung pro Gegenstand und Teilnehmer

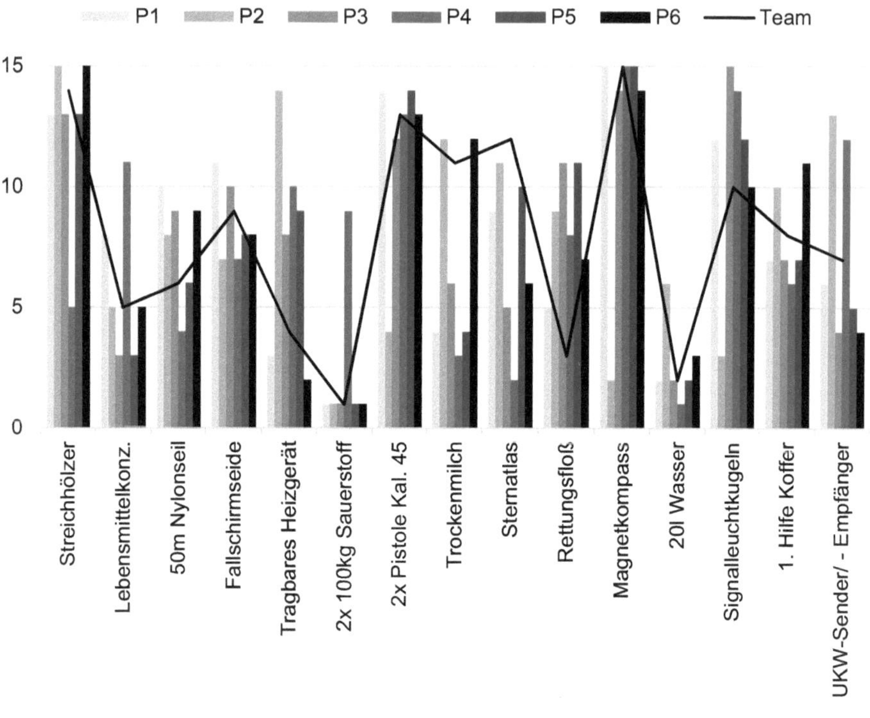

Quelle: Eigene Darstellung

Abbildung 12: Abweichungen der Einzellösungen von der Gruppenlösung nach Gegenstand

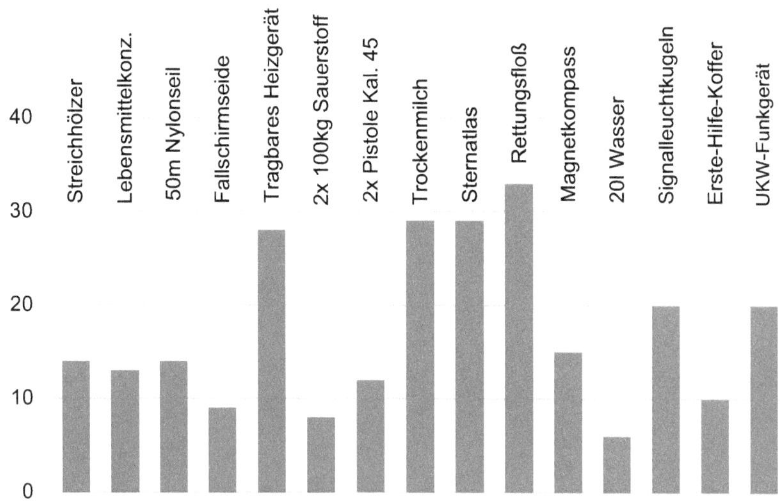

Quelle: Eigene Darstellung

4.5.3 Ergebnisse der Beobachtung der Teilnehmer des Planspiels

Während bei den Vergleichen der NASA-Planspiel-Daten die Leistung der Probanden und der Gruppe im Fokus standen, galt der Blick auf die Beobachtungsdaten dem Gruppengefüge, der Zusammenarbeit und den Interaktionen der Probanden im Verlauf der Lösungserstellung.

Die Interaktionen in der Gruppe waren während des Planspiels sehr harmonisch. Alle Beteiligten arbeiteten konsensorientiert und, gerade zu Beginn der Beobachtung, sehr strukturiert zusammen. Alle Teilnehmer konnten sich jederzeit zu Wort melden und ließen sich gegenseitig aussprechen. Zu Beginn wurde über eine Herangehensweise beraten, um die Einzellösungen in Einklang zu bringen. Eine Berechnung der Mittelwerte der Rangplätze der Gegenstände oder das Clustern von Gegenstands-Gruppen wurden vorgeschlagen. Das Team entschied sich dafür, die Rangfolge der Gegenstände zu besprechen. Begonnen wurde mit den Gegenständen, welche den geringsten Abstimmungsaufwand versprachen. Schwieriger einzuschätzende Gegenstände wurde zurückgestellt, um keine Zeit zu verlieren und um ein Grundgerüst der Prioritätenliste zu schaffen. Dazu wurden die Individuallösungen kurz als Gedankenstütze verwendet. Im weiteren Verlauf griff aber kein Teilnehmer zur Untermauerung seiner Argumentation auf seine Individuallösung zurück.

Gleich zu Beginn kristallisierten sich P1, P5 und P6 als Wortführer der Diskussion heraus. Sie leiteten den Prozess der Ergebniserstellung. P2, P3 und P4 nahmen während des gesamten Experiments eine passive Haltung ein. Dies schlug sich in der Zusammenfassung der Beobachtungsbögen der Forscher in den Kriterien Redeanteil, Initiative und Lautstärke nieder. P5 und P6 sind den Beobachtern als führend aufgefallen, da beide sehr wortreich, verständlich und selbstbewusst auftraten und sprachen. Ihre Gestik fiel dabei ebenfalls ins Gewicht und wurde als ausführend und raumgreifend beschrieben. P1 wiederum holte direkt zu Beginn des Experiments eine weitere Leinwand und einen Stift für Notizen hinzu. Eine bessere Visualisierung der Rangfolge der Gegenstände wurde hierdurch möglich. Das fand für P1 in der Kategorie Initiative Berücksichtigung.

Im Gegensatz dazu fielen P2, P3 und P4 in diesen Kriterien durch Zurückhaltung auf. P3 suchte sporadisch Blickkontakt zu den anderen Teilnehmern. Im Vergleich zu P1, der diesen sehr aktiv zu den anderen aufnahm, fand der Blickkontakt bei P3 jedoch deutlich seltener statt. P4 meldete sich vereinzelt zu Wort und war bei den passiveren Teilnehmern noch die Person, die sich am meisten mitteilte. P6 beanspruchte viel Redezeit in Form von Fragen, Lösungen, Rückfragen, aber auch durch Einbeziehung der anderen Teilnehmer. P6 stand daher sehr im Vordergrund. In puncto Initiative sicherte sie sich folglich eine Mehrzahl der Beobachterstimmen.

An der aktiven Einbeziehung aller Teilnehmer und einem fairen Austausch mangelte es in der Gruppe nicht. Die aktiveren P1, P5 und P6 forderten die anderen Teilnehmer immer wieder auf, ihre Meinung zur Diskussion beizutragen. Sie luden die Passiveren in das Gespräch ein und stellten ihre eigenen Priorisierungen gerade in den ersten 15 Minuten häufig zur Diskussion. Es wurden größtenteils die Beiträge aller Teilnehmer angehört. Das unterstrich den kooperativen Charakter der Gruppe und spiegelte sich in der Bewertung des harmonischen Verhaltens von P1, P5 und P6 wider.

Trotzdem kam es wie in Minute 21 vor, dass die aktiveren und lauteren Teilnehmer die Ausführungen eines zurückhaltenderen Teilnehmers übertönten. P6 und P1 sprachen in dieser Sequenz über den Einwand von P4 hinweg. Da dieses Verhalten durch mehrere Beobachter, gerade bei P6, immer wieder notiert wurde, bekam P6 in der Kategorie Lautstärke die besondere Bemerkung des Ausrufezeichens verliehen.

Es gab auch Anzeichen für Konflikte. Während die ersten 20 Minuten der Diskussion sehr strukturiert und harmonisch verliefen, häuften sich gegen Ende der 45 Minuten die Diskrepanzen unter den Teilnehmern. Diese äußersten sich durch das Unterbrechen anderer Teilnehmer im Redefluss, die Nicht-Beachtung von Meinungen und Einwänden anderer oder durch das „Übergehen" ihrer Wortmeldungen und Anmerkungen. Hierbei wurde P6 das dominanteste Verhalten im Geschehen attestiert.

P4 hingegen fiel mit dem am ehesten als unterwürfig zu deutendem Verhalten auf. Von den stilleren Teilnehmern hatte P4 zwar noch den meisten Redeanteil. Wie aber bei der Diskussion um den Tausch des Rangplatzes zwischen der „Fallschirmseide" und der „Signalleuchte" in den letzten fünf Minuten auffiel, revidierte sie häufiger ihre Meinung nach dem Einwand anderer Teilnehmer und gab diese auf.

Kein Proband verhielt sich destruktiv. P1, P5 und P6 waren stets darauf bedacht, die Harmonie der Gruppe zu erhalten. Sie banden die anderen Teilnehmer in die Diskussion mit ein, waren offen für ihre Meinungen und machten mitunter humorvolle Bemerkungen. So hielten sie die Diskussion auf „ihrem" Kurs. P2s hohe Priorisierung der „Kal. 45 Pistolen" wurde von P6 während der Diskussion mehrfach humorvoll hervorgehoben. Eine beispielhafte Szene gab es in den letzten Minuten des Planspiels. Die „Kal. 45 Pistolen" fanden sich abschließend am unteren Ende der Prioritätenliste der Gruppe wieder. Den „Sternatlas" zum Lesen als Zeitvertreib auf den Weg zum Mutterschiff mitzunehmen, war ein humorvoller Einwurf von P5. P5 und P6 wurde in Summe das stärkste harmonische Verhalten attestiert.

Ablehnendes Verhalten war unterschwellig ebenfalls zu verzeichnen. Es ließ sich hauptsächlich an der Körperhaltung der Teilnehmer ablesen. Wer oft mit verschränkten Armen in der Runde stand, sich eher auf Distanz zur Gruppe hielt oder durch negative Mimik auffiel, fand in dieser Kategorie Berücksichtigung. Am häufigsten konnte man das ablehnende Verhalten bei P4 beobachten. Sie stand mit verschränkten Armen in der Gruppe, hielt die Arme hinter ihrem Rücken oder zog die Mundwinkel nach unten, wenn ihre Argumentation in der Gruppe auf Ablehnung stieß.

Tabelle 11: Abgestimmter Beobachtungsbogen der Forscher

Beobachtungskriterien	P1	P2	P3	P4	P5	P6
Blickkontakt	++++ !	--	+	-	++++	++
Redeanteil	++++	--	-	+	+++++	+++++ !
Lautstärke	+	--	--	--	++	+++ !
Initiative	+++	--	-	--	++++	+++++
Mimik/ Gestik		-	-	---	++++	++++ !
Dominantes Verhalten	++	-	-	--	+++	+++++ !
Unterwürfiges Verhalten	-	+	+	+++ !		-+
Harmonisches Verhalten	++++	+-	+	-	+++++	+++++
Ablehnendes Verhalten	+	++	++-	++++		++-

Quelle: Eigene Darstellung

Dank ihrer strukturierten Vorgehensweise zu Beginn, hatte die Gruppe innerhalb der ersten Viertelstunde schnell einen ersten Lösungsentwurf entwickelt. Diese Struktur ging in der Folge etwas verloren, als die schwieriger einzuordnenden Gegenstände zu priorisieren waren. In der letzten Viertelstunde traten dadurch häufiger Widersprüche auf. Verstärkt durch den Hinweis auf die ablaufende Zeit durch die Forscher, wurden die Interaktionen gegen Ende der Diskussion nochmals etwas spontaner und konfliktreicher. Der innere Druck der Gruppe, innerhalb der vorgegebenen 45 Minuten eine abgestimmte Lösung zu beschließen, trug ebenfalls dazu bei. P6 äußerte beispielsweise in den letzten Minuten, eine perfekte Lösung erreichen zu wollen. Aus diesem Grund wurden auch kleine Positionsverschiebungen der Gegenstände wortreich argumentiert. Das Einverständnis zur Gruppenlösung wurde abschließend von allen gegeben. P2 und P6 erteilten ihr Einverständnis allerdings etwas zögerlicher als die restlichen Teilnehmer.

5 Diskussion

Unter Berücksichtigung der Triangulation der Forschung, wird erläutert, warum die erhaltenen Ergebnisse in dieser Weise zu Tage gefördert wurden. Das Zusammenspiel der verschiedenen Instrumente der Methode soll Erkenntnisse über die Zusammensetzung der Gruppe und die Einordnung der Teilnehmer in das Rangdynamikmodell von Vatter aufzeigen. Zu einer Auseinandersetzung mit einer wissenschaftlichen Arbeit zählen neben der Interpretation der Ergebnisse auch ihre Einordnung in den Kontext der Forschung. Deswegen werden über die Beantwortung der Forschungsfragen auch die Potentiale und Entwicklungsmöglichkeiten der Methodik thematisiert.

5.1 Interpretation der Ergebnisse des Experiments

Aufbauend auf der Grundannahme, dass sich Führungspersonen als durchsetzungsfähig erweisen, ist davon auszugehen, dass Alphas ihre Standpunkte stärker in den Gruppen durchsetzen als andere Rollen rangdynamischer Modelle. Sofern die Rollen des Rangdynamikmodells von Vatter in der Gruppe existierten, sollte erweitert überprüft werden, ob und wie diese Rollen in der Gruppe besetzt wurden.

Die Individuallösungen des Planspiels dienten als Referenz für die Bewertung der Durchsetzungsfähigkeit der einzelnen Gruppenmitglieder. Aus dem Einzelergebnis ließen sich Schlüsse auf das Gruppenergebnis ziehen. Die Betrachtung der Abweichungen zwischen der Teamlösung und den Individuallösungen konnte darüber Aufschluss geben, wie groß der Einfluss einzelner Teilnehmer auf das Gruppenergebnis war. Somit waren Rückschlüsse auf die Durchsetzungskraft einzelner Probanden möglich. Die beobachteten Interaktionen untermauerten diesen Eindruck.

Es zeigte sich im Ergebnis, dass die aktiveren Teilnehmer mehr Einfluss auf die Rangfolge der Gegenstände hatten als die passiveren P2, P3 und P4. P1, P5 und P6 wurden in sieben von neun Kriterien der Beobachtung als führend bewertet. In fünf davon wurden sie mit einem Ausrufezeichen versehen. Einzig in den Kategorien „ablehnendes“ und „unterwürfiges Verhalten“ traten andere Teilnehmer mehr in Erscheinung. Das zeigt Tabelle 11 deutlich.

Das „Heizgerät“ wurde von zwei aktiven Teilnehmern, P1 und P6, als sehr wichtig eingeschätzt. Da es im Gruppenergebnis ebenfalls hoch eingestuft wurde, ist hier ein gestaltender Effekt zu erkennen. Der „Sternatlas“ wiederum wurde von drei Teilnehmern sehr stark unterschätzt. Zwei davon, P1 und P5, waren sehr aktive Teilnehmer in der Diskussion und beeinflussten die Einstufung des „Sternatlas“ in der Folge stark. P1, P5 und P6 nahmen daraus schlussfolgernd in der Gruppe die führenden Rollen ein. Sie setzten sich in der Diskussion besser durch als die anderen Teilnehmer und hatten einen höheren Status in der Gruppe.

Die Aktiven nahmen mehr Einfluss auf das Gesamtergebnis und dominierten den Erarbeitungsprozess dorthin. Ein Blick auf die Individualergebnisse stützt diese Erkenntnis. P1 lag nur 28 Punkte von der Teamlösung, aber 48 Punkte von der Musterlösung entfernt. Inhaltlich ist das Individualergebnis von P1 schlechter als das von P3. P3 wiederum lag mit 30 Punkten Abweichung näher an der Musterlösung. Scheinbar konnte diese Person ihren Einfluss auf das Gruppenergebnis nicht so effektiv geltend machen wie P1. 42 Punkte trennten sie von der Teamlösung, wie Abbildung 10 darstellt. P3 war nach den Beobachtungsergebnissen eher ein passiver Teilnehmer des Planspiels. Die Abweichungen dürften also weniger mit dem Know-How des Einzelnen, als mit den Faktoren Initiative, Durchsetzungs- und Argumentationsfähigkeit in der Diskussion zu begründen sein. Alle aktiveren Teilnehmer lagen näher an der Gruppenlösung als die Passiveren, sodass eine klare Tendenz erkennbar war: Aktivität in der Diskussion führt zu höherer Einflussnahme auf das Gruppenergebnis.

Der Faktor Wissen hat den Austausch innerhalb der Gruppe ebenfalls beeinflusst. Die Passivität von P2 und P4 lässt sich durch die, nach Abbildung 7, schlechtesten Individualergebnisse erklären. Beide wirkten auf Grund ihrer Unwissenheit in der Diskussion unsicher und fielen durch mehrheitlich fragende Wortmeldungen auf. Sie rutschten in passivere, untergeordnetere Rollen und konnten den aktiveren Teilnehmern in der Diskussion nicht ebenbürtig begegnen. P5 und P6 hingegen schienen sich, durch die bessere Kenntnis des Weltraums oder Erfahrungen mit derartigen Planspielen, in der Situation wohler zu fühlen. Die geringen Abweichungen von der Musterlösung und die sechs treffend zugeordneten Gegenstände sprechen laut Tabelle 10 dafür.

Es war erkennbar, dass sich die Teilnehmer als aktiver und tonangebender während des Planspiels herausstellten, die im Arbeitsalltag eine hierarchisch höhere Stellung im Unternehmen bekleideten oder unter Umständen eine längere Betriebszugehörigkeit aufwiesen. Die Priorität der Abteilungs- oder Bereichszugehörigkeit im Unternehmen könnte ebenfalls eine Rolle gespielt haben. P1, P5 und P6 hatten einen Vorsprung an Autorität gegenüber P2, P3, P4, wenn man Tabelle 9 in dieser Weise interpretiert.

Die Tuckman-Phasen eins und zwei wurden sehr schnell durchlaufen. Die Norming-Phase war nicht vorhanden, da sich alle Teilnehmer kannten. Die Storming-Phase war ebenfalls kaum existent, da P1, P5 und P6 das Handeln vom Start weg koordinierten. Gleich zu Beginn des Planspiels wurden die Teilnehmer von der Struktur und der Methodenfindung zum Abgleich der Individuallösungen durch P1 direkt mit der Erarbeitung der Lösung konfrontiert. Die Performing-Phase wurde so direkt eingeleitet.

Ein wichtiger Punkt zur Validierung der Methodik war es, zu erheben, ob sich den Teilnehmern anhand der Beobachtungskategorien eindeutige Rollen nach dem Rollenmodell von Vatter zuweisen lassen. Die Forscher diskutierten diese Fragestellung während der Datenauswertung intensiv. Nach der Zusammenführung der Beobachtungsbögen wurde versucht, die Teilnehmer in dieses Rollenmodell einzuordnen. Es wurde betrachtet, welcher Rolle der jeweilige Teilnehmer am ehesten entsprach. Eine konkrete Zuteilung auf eine spezifische Rolle war wegen des harmonischen Gruppeverhaltens sehr schwer zu treffen. In einigen Bereichen lagen verschiedene Deutungsmöglichkeiten vor. Es war zum Beispiel nicht auszumachen, ob es den „einen" Alpha in dieser Gruppe gab oder ob es sich um mehrere Alphas in der Gruppe handelte. Die Gamma-Rolle, als Gegenspieler zu Alpha, war wegen der harmonischen Zusammenarbeit der Gruppe nicht zuordenbar. Die Vergabe der Omega-, Delta- und der Beta-Rolle schien etwas einfacher. Aber auch dort gab es Deutungsmöglichkeiten. Eine Zuteilung der Rollen nach Vatter war unter den gegebenen Umständen sehr subjektiv und eröffnete großen Interpretationsspielraum. Eine wissenschaftlich fundierte, seriöse Einordnung stellte sie nicht dar. Die Zuteilung war unter diesen Gesichtspunkten als Experiment zu deuten, was dem Charakter der Erprobung entsprach. Wenn eine Zuordnung der Gruppenmitglieder in eine Rolle nach Vatters Rangdynamikmodell hätte stattfinden müssen, wäre diese im ersten Entwurf wie folgt ausgefallen:

P1 = Alpha	P4 = Delta
P2 = Omega	P5 = Beta
P3 = Delta	P6 = Alpha

P6 wäre durch die meisten Bemerkungen, in sechs von neun Kategorien, noch am ehesten in eine Alpha-Position zu heben gewesen. P1 wäre etwas dahinter auch noch zu dieser Rolle tendiert, weil P1 die Kategorie Blickkontakt für sich entschied und in Summe auch mit sehr viel Initiative auffiel. P5 wäre eher in die Beta-Rolle gefallen, da sie in der Kategorie „Harmonisches Verhalten" sehr auffällig war. Zudem glänzte P5 immer wieder mit fachlich wertvollen Kommentaren, wie dem fehlenden Magnetfeld auf dem Mond. Das stützte die Einschätzung als Experte und Berater von Alpha in der Beta-Rolle. P3 und P4 wären am ehesten als Mitläufer zu deklarieren gewesen, weil sie sehr zurückhaltend agiert haben. P2 fiel in die Omega-Rolle, weil ihre Argumente und Einschätzungen noch weniger Berücksichtigung fanden als die von P3 und P4. Sie wurde von den Aktiveren auch am wenigsten in die Diskussion miteinbezogen und nach ihrer Einschätzung und Meinung gefragt. Das hatte eventuell mit der klar differierenden Einschätzung der „Kal. 45 Pistolen" gegenüber P6 als Wortführer der

Diskussion zu tun gehabt haben können. Auch bei den Gegenständen „Heizgerät", „Rettungsfloß" und „UKW-Sender" lag P2 weit von der Teamlösung entfernt. Das könnte in Summe negative Auswirkungen auf die Glaubhaftigkeit und Vertrauenswürdigkeit ihrer Einschätzungen gehabt haben und sie somit nicht als fachkundigen Ansprechpartner für die beste Gruppenlösung des Planspiels ausgewiesen haben. Somit verzichtete die Gruppe am ehesten auf P2s Einschätzungen und holte diese nicht aktiv ein.

5.2 Beantwortung der Forschungsfragen

Die, in der Zielstellung der Arbeit, aufgeworfene Forschungsfrage, wie methodisch vorgegangen werden kann, um rangdynamische Prozesse, Rollen und Verhaltensmuster zuverlässig zu identifizieren, bildet den zentralen Fixpunkt der Arbeit. Es sollte eine Methodik erarbeitet werden, die es zulässt, rangdynamische Modelle zu validieren. In einer experimentellen Erprobung wurde die entsprechende Methodik getestet. Die Aufteilung der Forschungsfrage in fünf Teilfragen ermöglicht es, sie aus mehreren Blickwinkeln zu beantworten.

5.2.1 Konsistenz der Ergebnisse der Teilinstrumente der Methodik

Aus zeitlichen und organisatorischen Gründen war es nicht möglich, die Ergebnisse der Selbsteinschätzungsfragebögen der Teilnehmer des Experiments mit ihren Ergebnissen der Beobachtung und des Reflexionsfragebogens konkret abzugleichen.

Nach einer kurzen Übersicht über die erhaltenen Cluster des Selbsteinschätzungsfragebogens, wäre es tendenziell möglich, dass die Beschreibung von vier der fünf identifizierten Cluster des Selbsteinschätzungsfragebogens mit Rollen nach Vatters Rangdynamikmodell einhergehen könnte. So erinnerten das Cluster C1 in der Beschreibung an Beta, C2 an Alpha, C4 an Delta und C5 an Omega. Wegen zu vieler nicht eindeutiger Ausprägungen war es nicht möglich, C3 mit einer Rolle des Rangdynamikmodells von Vatter in Beziehung zu setzen. Eine detaillierte Beschreibung, Auswertung und Beurteilung dazu findet in der Arbeit von Diszlberger statt.

Die Einschätzungen zu den passiveren und aktiveren Teilnehmern auf Seiten der Beobachter und der Teilnehmer im nachgelagerten Reflexionsfragebogen zeigen in die gleiche Richtung. Die passiveren Teilnehmer aus den Beobachtungsergebnissen schätzten sich mehrheitlich im Reflexionsfragebogen ebenso ein. Die aktiveren Teilnehmer hätten von P2, P3 und P4 mehrheitlich auch mehr Teilnahme und Input zur Gruppendiskussion erwartet. Die Einschätzung der harmonischen Zusammenarbeit stimmte ebenfalls bei den Ergebnissen beider Instrumente überein. Die zögerliche Zustimmung zur Gruppenlösung spiegelte sich bei P2 und P6 neben der Beobachtung auch im Reflexionsfragebogen wider. Sie beide waren die einzigen Teilnehmer, die nicht angaben, äußerst zufrieden mit dem Gruppenergebnis zu sein.

Zusammengefasst ist eine positive Tendenz hinsichtlich der Konsistenz der Teilinstrumente der Methodik vorhanden. Diese muss noch genauer auf Korrelationen und Scheinkorrelationen untersucht werden, um empirisch belastbar zu sein.

5.2.2 Lehren aus der experimentellen Erprobung der Methodik

Einigen Probanden gelang es nicht, die Individuallösung fehlerfrei zu beschriften. Es schlichen sich Fehler in der Reihung der Gegenstände ein, die bei der Auswertung korrigiert werden mussten. Ein definiertes Feld neben den aufgeführten Gegenständen auf dem Bogen könnte den Probanden helfen, die Übersicht zu bewahren.[151] Auf diese Weise könnten die Probanden doppelte Nennungen eines Rangplatzes oder fehlerhafte Rangfolgen selbstständig identifizieren und korrigieren.

Bezüglich des Versuchsaufbaus sollte der Untersuchungsraum sorgfältiger ausgewählt werden, um möglichst standardisierte Laborverhältnisse zu schaffen. Für die Vergleichbarkeit der Untersuchungsergebnisse untereinander hat es bedeutende Vorteile, wenn der Bereich, an dem die beschrifteten Kärtchen mit den Gegenständen des Planspiels angebracht werden, zusammen mit der diskutierenden Gruppe von der Kamera aufgenommen wird. Bei der Stellung der Kamera und den Toneinstellungen muss das besser beachtet werden. Die verwendete Technik muss vor Beginn der Beobachtung gründlich überprüft werden. Während der Erprobung kam es ab Minute 17 der Beobachtung zu einem Ausfall der Kamera. Das Mobiltelefon des Versuchsleiters musste ersatzweise verwendet werden, um die Aufnahme fortsetzen zu können. In der Aufnahme der Erprobung war aus dem Kamerawinkel des Mobiltelefons nur die Gruppe zu sehen. Eine genauere Überprüfung des Equipments oder der Einsatz eines Kameramanns könnte dies zukünftig verhindern.

Um einen neutralen Gruppenfindungsprozess zu gewährleisten, sollten zukünftig Teilnehmer ausgewählt werden, die sich nicht bekannt sind. Gruppendynamische Prozesse sollten sich gerade in der Norming- und Storming-Phase von Tuckman beobachten lassen. Das hat in diesem Experiment gefehlt, da gerade diese beiden Phasen kaum existent waren.

Die Definitionen der Kriterien sollten im Team der Beobachter vor der Beobachtung detailliert besprochen werden, um das einheitliche Verständnis unter den Beobachtern zu gewährleisten. Die Absprache unmittelbar vor Beginn des Experiments war zu kurzfristig angesetzt. Es stellte sich erst bei der Auswertung heraus, dass die

[151] s. Anhang 2 – Ausgangssituation und Liste der Gegenstände des Planspiels

Kategorien Mimik, Gestik und Blickkontakt von den Beobachtern sehr unterschiedlich interpretiert wurden.

Inwiefern die Teilnehmer von den Online-Beobachtern während der Erprobung beeinflusst wurden, konnte nicht detailliert festgestellt werden. Unter wissenschaftlichen Laborbedingungen sollten sich die Probanden nur durch die Beobachter selbst und nicht zusätzlich durch Dritte beobachtet fühlen. Es muss davon ausgegangen werden, dass diese konstruierte Situation die Validität des Experiments beeinflusst hat.

5.2.3 Verbesserungspotentiale der Methodik

Das NASA-Planspiel ist in seinen unterschiedlichen Ausprägungen weit verbreitet. Die Szenarien „Notlandung auf dem Mond“ und „Flugzeugabsturz in der Wüste“ sind die beiden bekanntesten Varianten. Ein Teilnehmer der Erprobung wünschte sich eine unbekanntere Szenerie für das Planspiel. Im besten Fall eines, das keinem Probanden bekannt ist. Das würde den Vorteil bieten, dass die Unwissenheit der Teilnehmer mehr Fragen und somit auch Diskussions- und Konfliktpotential mit sich bringt. Die schwieriger einzuschätzenden Gegenstände des NASA-Planspiels erzeugten größeres Konfliktpotential.

Das Konfliktpotential könnte zusätzlich durch eine stärkere Ausrichtung auf den Wettbewerb innerhalb des Teams verschärft werden. Als zusätzliche Motivation könnte ausgegeben werden, dass die Individuallösung des Teilnehmers mit der größten Übereinstimmung zur Gruppenlösung am besten bewertet wird. In einer größer angelegten Untersuchung könnte der Wettbewerbsgedanke auch auf die parallel untersuchten Gruppen ausgedehnt werden. Zusätzlich könnten Anreize für die performanteste Gruppe geschaffen werden.

Hinsichtlich der Kategorien bedarf es einiger Anpassungen. Die Beobachter vermissten eine Kategorie, in der sich das (Vor-)Wissen der Teilnehmer bewerten ließ. Das Wissen hatte in der Erprobung auch Einfluss auf die Interaktionen und die Gruppenstruktur. Die prägenden Teilnehmer P5 und P6 wiesen in ihrer Individuallösung nicht nur die wenigsten Abweichungen zu der Musterlösung der NASA-Experten auf. In der Diskussion begründeten sie ihre Argumente immer wieder mit Fachwissen. Beispielsweise erfolgte in Minute 23 der Diskussion die rangniedere Einordnung des „Magnetkompass“, basierend auf dem Vorwissen von P5, dass auf dem Mond ein Magnetfeld fehle.

Ein weiterer Kritikpunkt an den Beobachtungskriterien war die mangelhafte Möglichkeit Interaktionen zwischen den Teilnehmern beschreiben zu können. Diese konnten nicht angemessen notiert werden, weil die handschriftlichen Notizen sehr umständlich auf dem Beobachtungsbogen zu erfassen waren.

Während die verbalen Daten leicht aufzunehmen und einzuordnen waren, sollten die Definitionen der Kriterien insgesamt nachgeschärft werden. Teilweise waren sie zu weit gefasst. Speziell die Kategorien des Verhaltens waren zu interpretativ. Bei den Kriterien Initiative, Mimik und Gestik wurde kritisiert, dass sie mit anderen Kriterien verschwammen.

Statt der Quantifizierung der Beobachtungen durch Strichlisten in den einzelnen Kategorien, legten die Beobachter spontan vor der Erprobung fest, die Notifikationen auf das +/- Verfahren anzupassen. Dies erweiterte die reine quantitative Erfassung um die Dimension der positiven oder negativen Ausprägung einer Interaktion. Gleichzeitig bedurfte es weniger handschriftliche Erläuterungen auf dem Beobachtungsbogen. Dieses Annotationsverfahren war in der Auswertungsphase bei allen Kategorien verständlich zu deuten.

Zum Vergleich, wie sich das Teamergebnis im Zeitraffer des Planspiels entwickelt, könnte zu vorab definierten Zeitpunkten des Planspiels ein Zwischenergebnis fotografisch dokumentiert werden. So könnten ein erster Entwurf nach 15 Minuten, ein Zwischenergebnis nach 25 Minuten und das finale Ergebnis festgehalten und miteinander verglichen werden. Dies wäre für eine spätere Einordnung von einflussreichen Interaktionen, die zu Änderungen im Gruppenergebnis geführt haben, sehr interessant. Die Beobachtungssequenzen könnten auf diese Weise etwas unterteilt werden. Das erleichtert die Auswertung der Beobachtung bei der Suche nach Schlüsselsequenzen der Interaktionen der Teilnehmer und macht diese leichter auffindbar.

5.2.4 Eignungsfeststellung rangdynamischer Modelle

Grundsätzlich erleichtern solche Modelle die Vorstellung der informellen, hierarchischen Struktur einer Gruppe. Die unterschiedlich gearteten Rollen, egal ob nach Schindler oder Vatter, lassen sich aus dem Bauchgefühl heraus bestimmen. Durch die Beschreibung in ihren Modellen liegt eine Definition rangdynamischer Rollen vor, die sich intuitiv in die Realität transferieren lässt. Empirisch betrachtet gestaltet sich die Operationalisierung dieser Rollen und die Identifikation typischer Verhaltensweisen schwierig. Sie ist mit einigen zu treffenden Vorannahmen verbunden und diese scheinen häufig subjektiv. Die Gruppengefüge und -beteiligten sind in ihrer Zusammenstellung sehr individuell, sodass Interaktionen in unterschiedlichen Zusammenstellungen unterschiedlich aufgefasst werden können. Durch die fließenden Übergänge der Rollen ist eine feste Zuordnung zu bestimmten Personen schwer möglich. Tendenzen zu bestimmten Rollen wiederum lassen sich bestimmen.

Die Modelle selbst eignen sich, um Verhaltensmuster einzuordnen und auch temporäre Zuordnungen von bestimmten rangdynamischen Rollen zu treffen. Allerdings muss eingeschränkt werden, dass keine pauschalen und fixen Zuordnungen möglich sind. Dafür müssen äußere Umstände und der Kontext der Beobachtung mitbetrachtet und vorab definiert werden. Die Beurteilung der Rollen ist wegen der mangelhaften und wissenschaftlich nicht belegten Metrik des NASA-Planspiels als schwierig anzusehen ist. Eine Korrelation zwischen den Abweichungen der Individuallösungen und der Musterlösung beziehungsweise zwischen den Individuallösungen und der Gruppenlösung herzustellen war nicht möglich

Es war im Laufe des Experiments definitiv nicht möglich, wie es Schindler einfordert, alle Rollen des rangdynamischen Modells mit Probanden zu besetzen. Dazu gab es kein Bild der Rollen in der Gruppe, das dazu einheitlich genug gewesen wäre.

5.2.5 Zukünftiges Vorgehen zum Nachweis rangdynamischer Prozesse

Der Forschungsansatz der Triangulation sollte beibehalten werden. Er dient dem Ausschluss einseitiger Forschung und unterstützt bei der Untersuchung des Untersuchungssubjektes verschiedene Blickwinkel einzunehmen. Eine Verfeinerung der Methodik, wie sie oben beschrieben wurde, ist dafür notwendig. Ob die Methodik aus einem Selbsteinschätzungsfragebogen der Teilnehmer, einer Beobachtung der Teilnehmer während eines Planspiels und einem Reflexionsfragebogen zum Experiment bestehen muss, darf diskutiert werden. Es gibt eine große Vielfalt an Kombinationsmöglichkeiten von Untersuchungsinstrumenten, unabhängig von ihrer quantitativen oder qualitativen Ausprägung. Bei der Betrachtung des Untersuchungssubjektes Selbsteinschätzung und Fremdeinschätzung der Teilnehmer zu kombinieren, scheint aus der Vielzahl an Einflussfaktoren auf rangdynamische Prozesse und Rollen sinnvoll. In der Theorie fasste Sader bereits zusammen, dass er der Forschungsgegenstand für zu komplex und variabel erachtet, um ihn nur mit Hilfe eines Instrumentes angemessen erfassen zu können.[152]

Der Einsatz eines anderen, unbekannteren Planspiels mit einer transparenten Metrik kann bereits zu signifikanteren Ergebnissen führen. Gegebenenfalls lässt sich ein Planspiel in die vorhandene Methodik einbinden, das mit einer geringeren Aktionsgeschwindigkeit aufwartet. So würden sich die Beobachtungen deutlicher beschreiben lassen. Nicht umsonst führte Schindler seine Forschungen in Gruppen mit Schizophrenie-Patienten durch. Dort liefen die Interaktionen und rangdynamischen Prozesse seiner Erfahrung nach langsamer ab.[153]

[152] Vgl. Sader (2008), S. 111ff.
[153] Vgl. Schindler (1968), S. 42.

6 Zusammenfassung und Ausblick

Rückbesinnend auf die Zielstellung der Arbeit sollte eine Methodik zur Validierung rangdynamischer Prozesse in Gruppen erarbeitet werden. Nach der Beantwortung der gestellten Forschungsfragen muss abschließend festgehalten werden, dass es sich bei dieser empirischen Auseinandersetzung nur um einen ersten Schritt in diese Richtung handeln kann. Keine Fragestellung konnte mit einem eindeutig, empirisch bewiesenem Beleg untermauert werden.

Zum einen hat dies damit zu tun, dass keine der aufgerufenen Forschungsfragen durch die Erprobung der Methodik eindeutig zu beantworten war. Zum anderen muss erwähnt werden, dass es im praktischen Teil der Arbeit darum ging, diesen eingeschlagenen Pfad zuallererst einmal Stück für Stück zu beschreiten. Realistisch betrachtet konnte die Erprobung durch das Laborexperiment nicht zu dem Ergebnis kommen, auf den ersten Entwurf hin eine Methodik zu bestätigen, welche die Validierung von rangdynamischen Modellen solide und empirisch belegbar gewährleistet.

Die Leistung der Arbeit ist darin zu sehen, einen ersten Gradmesser für die Verfeinerung dieses Vorgehens geschaffen zu haben. Der Forschungsansatz der Triangulation und die damit einhergehende Betrachtung des komplexen Forschungsgegenstandes der rangdynamischen Prozesse in Gruppen, mit Hilfe sich ergänzender Instrumente zu erfassen, scheint ein gut geeigneter Weg zu sein. Für die vielschichtigen Zusammenhänge der Gruppendynamik und ihre Beschreibung in Rollenmodellen erscheint dieses Vorgehen auch notwendig.

Die Potentiale der Methodik müssen angegangen und verbessert werden. Der Parametrisierung der Beobachtungskategorien kommt hierbei eine zentrale Rolle zu. Nach der Verbesserung der Metrik und der Aufarbeitung der Unzulänglichkeiten der ersten experimentellen Erprobung, könnten nachfolgend elementare Schritte in die Richtung einer aussagekräftigeren Methodik zur Validierung rangdynamischer Prozesse und Modelle gegangen werden. Unter Umständen findet sich auch ein besser geeignetes Planspiel als das NASA-Planspiel, um die T-Gruppe in ein kompetitiveres Szenario zu versetzen.

Es darf vermutet werden, ob die Gruppe des Experiments zu harmonisch eingestellt war, um ein besseres Gruppenergebnis zu erzielen. In einem Umfeld mit größerem Konkurrenzgedanken der Teilnehmer hätten sich die ambitionierten und wissenderen Probanden möglicherweise rücksichtsloser durchgesetzt. Das hätte zu einem besseren Gruppenergebnis führen können, wenn P5 und P6 die schwächere Lösung von P1 als aktive Teile der Gruppe hätten aufwiegen können.

Die Rollen aus den rangdynamischen Modellen ließen sich unterschiedlich klar feststellen. Es gab eine klare Trennung zwischen aktiveren und passiveren Teilnehmern. Unter den Passiveren war die Einschätzung in die Delta- und Omega-Rolle nicht eindeutig. Es konnte aber unterschieden werden, welche passiveren Teilnehmer von den Aktiveren noch eher nach ihrer Meinung gefragt wurden. Das waren P3 und P4. P2 wurde streckenweise von P1, P5 und P6 übergangen.

Innerhalb der Teilgruppe der Aktiveren war es schwierig, einen klaren Anführer zu bestimmen. Wenn überhaupt Alphas in dieser Gruppe waren, dann sehr kooperativ geartete. P1, P5 und P6 spielten sich die Führung der Gruppe gegenseitig zu, sodass je nach Situation immer einer aus ihrem Kreis die Diskussion leitete.

An dieser Stelle könnten sich weitere Forschungen der Differenzierung der Rollen widmen. Eine genauere Betrachtung der bereits von Schindler in drei Ausprägungen, geteilten Alpha-Rolle wäre zum Beispiel eine Option. Darüber hinaus bleiben noch viele Fragen hinsichtlich der Leistungsfähigkeit und Effizienz von Teams offen. Die Klärung dieser Fragen wird wichtiger, denn Teamarbeit nimmt zu und gewinnt noch mehr an Bedeutung. Die Auswirkungen dieser Parameter in hybriden Teams, die sowohl persönlich als auch digital zusammenarbeiten, bringt eine weitere interessante Komponente in die Betrachtung mit ein.

An Fragestellungen und Anknüpfungspunkten bezüglich der Erforschung von Gruppenstrukturen und ihren internen Prozessen wird es auch zukünftig nicht mangeln. So lange keine allgemeingültige Formel für die performante Teamzusammenstellung vorliegt wird sich das nicht ändern. Das Feld der rangdynamischen Modelle und der Gruppendynamik ist auch heutzutage weiter spannend zu betrachten. Egal wie schnell die Digitalisierung voranschreitet und wie viele Tätigkeiten durch Maschinen und sonstige Systeme übernommen werden können, arbeiten schlussendlich immer Menschen weiterhin zusammen. Somit bleibt das zwischenmenschliche Zusammenspiel im Arbeitsalltag das bestimmende Element.

Anhang

Anhang 1 – Teilnahmebedingungen und -bestätigung

Sehr geehrte Teilnehmer(-innen),

ich möchte mich im Vorfeld des anstehenden Planspiels bereits bei ihnen für Ihre Bereitschaft bedanken, sich für diese empirische Erhebung zu Verfügung zu stellen. Zweck der Untersuchung ist die visuelle Datenerhebung zum Erkenntnisgewinn für die Erstellung meiner Abschlussarbeit meines berufsbegleitenden Studiums. Der thematische Schwerpunkt meiner Arbeit ist die agile Arbeitswelt und das Verhalten von Personen in Gruppensituationen in dieser Form des Arbeitens.

Das anstehende Planspiel enthält eine Aufgabenstellung, die Sie als Gruppe zu bewältigen haben. Weitere Instruktionen über den Ablauf folgen direkt im Anschluss. Verhalten Sie sich während des Planspiels bitte so natürlich und ihrer Persönlichkeit entsprechend wie möglich.

Der Versuch wird ca. 60-90 Minuten Ihrer Zeit in Anspruch nehmen. Ihre Teilnahme daran erfolgt freiwillig. Die Rechte an Ihrem Bild und an Ihrem gesprochenen Wort in diesem Zeitraum teilen Sie mit mir im Zuge dieser Untersuchung. Zur besseren Verarbeitung der Daten und zu deren anschließender Transkription wird das Planspiel mit Hilfe eines Diktiergerätes aufgenommen. Die Auswertung des Datenmaterials wird teilanonymisiert stattfinden.

Die Speicherung der Daten ist mindestens für den Zeitraum der Forschung und maximal bis zum Abschluss der Arbeit im Februar 2022 notwendig. Anschließend werden die Aufnahmen gelöscht und in keiner Form weiterverwendet oder veröffentlicht.

Ich gewährleiste Ihnen selbstverständlich äußerste Diskretion im Umgang mit Ihren Daten und Ihren getroffenen Aussagen während dieser Untersuchung.

Für Fragen zu diesem Forschungsvorhaben stehen mein Betreuer Dr. Peter Vatter und ich als Ihre Ansprechpartner gerne zur Verfügung.

Durch Ihre Unterschrift erklären Sie sich mit der Beobachtung einverstanden.

Datum: 20.10.2021 Unterschrift:

Berufliche E-Mail-Adresse:

Anhang 2 – Ausgangssituation und Gegenstände des Planspiels

Ausgangssituation NASA-Planspiel

Ein Raumschiff hat auf dem Mond eine Bruchlandung gemacht. Es sollte auf sein Mutterschiff treffen, das sich 200 Kilometer entfernt auf der hellen (der Sonne zugewandten) Seite des Mondes befindet. Die Bruchlandung hat das Raumschiff völlig zerstört. Das Überleben der Mannschaft hängt davon ab, ob sie das Mutterschiff erreichen kann. Von der Ausrüstung sind nur 15 Gegenstände unbeschädigt geblieben.

Die Teilnehmer sollen die Ausrüstungsgegenstände auswählen, die für die Überwindung der 200 Kilometer bis zum Standort ihres Mutterschiffes am wichtigsten sind. Ihre Überlebenschance hängt davon ab, ob sie in diesem Spiel die richtigen Ausrüstungsgegenstände für eine Mondexpedition auswählen können.

Aufgabe

Die Aufgabe der Spieler besteht darin, die aufgeführten Gegenstände in eine Rangordnung zu bringen, wobei der Gegenstand auf den 1. Platz der Liste gesetzt werden soll, der für den Marsch zum Mutterschiff am wichtigsten gehalten wird, und der zweitwichtigste an die zweite Stelle und so weiter. Der unwichtigste Gegenstand erhält schließlich den Rang 15.

Ziel ist es, sowohl in einer Einzellösung als auch in einer Teamlösung die richtige Rangfolge zu finden, die tatsächlich von einem Expertenteam der NASA entwickelt wurde und für dieses Spiel als verbindliche Lösung gilt.

Ablauf

Die Mitglieder des Teams sollen zunächst jeder für sich, also unbeeinflusst von den übrigen Team-Mitgliedern, ihre persönliche Rangfolge der Ausrüstungsgegenstände aufstellen. Hierzu hat jeder Teilnehmer ca. 10 Minuten zur Verfügung. Anschließend muss das Team eine gemeinsame Gruppen-Rangfolge erstellen. Das Team hat hierfür ca. 45 Minuten Zeit.

Liste der Gegenstände

- Streichhölzer
- Lebensmittelkonzentrat
- Fünfzig Meter Nylonseil
- Fallschirmseide
- Tragbares Heizgerät
- Zwei 100-Kilogramm-Tanks Sauerstoff
- Zwei Pistolen, Kaliber .45
- Trockenmilch
- Sternatlas
- sich selbst aufblasendes Rettungsfloß
- Magnetkompass
- 20 Liter Wasser
- Signalleuchtkugeln
- Erste-Hilfe-Koffer mit Injektionsnadeln
- Mit Sonnenenergie angetriebener UKW-Sender/-Empfänger

Anhang 3 – Musterlösung der NASA und Auswertungsbeschreibung

Musterlösung der NASA

Die im Folgenden dargestellte Musterlösung soll tatsächlich von mehreren Expertenteams der NASA in den 60er-Jahren entwickelt worden sein. Ergänzend zu dem jeweiligen Rangplatz steht eine kurze Bemerkung der NASA-Experten zur Beurteilung und Einordnung des jeweiligen Gegenstandes.

Gegenstände	Rangplatz	Bemerkungen
Zwei 100-Kilogramm-Tanks Sauerstoff	1	Zum Atmen notwendig.
20 Liter Wasser	2	Ersetzt Flüssigkeitsverlust, der durch Schwitzen entsteht.
Sternatlas	3	Eines der wichtigsten Mittel, um Richtungen zu bestimmen.
Lebensmittelkonzentrat	4	Täglicher Nahrungsbedarf.
Mit Sonnenenergie betriebener UKW-Sender / -Empfänger	5	Notsignal-Sender: vielleicht ist Kommunikation mit dem Mutterschiff möglich.
Fünfzig Meter Nylonseil	6	Nützlich, um Verletzte zu leiten und zum Klettern.
Erste-Hilfe-Koffer mit Injektionsnadeln	7	Wertvolle Tabletten oder Injektionen.
Fallschirmseide	8	Sonnenschutz
Sich selbst aufblasendes Lebensrettungsfloß	9	CO_2-Flaschen (zum Aufblasen des Floßes) als Antrieb zum Überwinden von Klüften etc.
Signalleuchtkugeln	10	Notsignal, wenn man in Sichtweite ist.
Zwei Pistolen Kaliber .45	11	Mit ihnen könnten Antriebsversuche gemacht werden.
Trockenmilch	12	Nahrung, mit Wasser gemischt trinkbar.
Tragbares Heizgerät / Kocher	13	Nur auf der dunklen Seite des Mondes notwendig.
Magnetkompass	14	Wahrscheinlich kein polarisiertes Magnetfeld auf dem Mond, daher nutzlos.
Streichhölzer	15	Kein Nutzen auf dem Mond.

Bewertungssystem

Um die unterschiedlichen Ergebnisse besser vergleichen und bewerten zu können, wird für jeden Gegenstand die Differenz von dem vergebenen Rangplatz zu dem richtigen Rangplatz berechnet und als absolute Zahl notiert.

Beispiel: Ein Teilnehmer hat die Streichhölzer auf den 10. Rangplatz und den Sternatlas auf den 6. Rangplatz gesetzt. Die richtige Lösung ist für die Streichhölzer der 15. Rangplatz und für den Sternatlas der 3. Rangplatz. Die Differenz zwischen der Einschätzung und der richtigen Lösung beträgt also 5 bzw. 3 (Streichhölzer: $15 - 10 = 5$ und Sternatlas: $6 - 3 = 3$).

Schließlich werden alle Differenzen addiert, und je niedriger die Summe der 15 Differenzen ist, desto besser ist die Lösung zu bewerten.

Dieses Bewertungssystem wird in gleicher Weise zur Auswertung der Gruppenlösungen angewendet. Manchmal wird in einer Spielvariante auch noch dieses Bewertungssystem für einen Vergleich zwischen der Einzellösung und der Teamlösung angewendet. In diesem Fall kann es vorkommen, dass einige Teilnehmer – durch das zusätzliche Bewertungssystem beeinflusst – neue, unerwünschte Ziele für den Spielverlauf definieren.

Anhang 4 – Beobachtungsbogen

Beobachtungskriterien	1	2	3	4	5	6
Blickkontakt						
Redeanteil						
Lautstärke						
Initiative						
Mimik / Gestik						
Dominantes Verhalten						
Unterwürfiges Verhalten						
Harmonisches Verhalten						
Ablehnendes Verhalten						

Anhang 5 – Definitionen der Beobachtungskriterien

Blickkontakt	Zu beobachten bei Sprachbeiträgen
Redeanteil	Zwischenrufe sind nicht zu beachten, sondern Redebeiträge zum Thema oder der Interaktion in der Gruppe
Lautstärke	Muss erfasst werden, wenn situativ lauter oder leiser gesprochen wird als z.B. im beobachteten Austausch vor dem Planspiel
Initiative	Beginn von Gesprächen/ Handlungen/ Interaktionen, SYMBOLS of Power beachten
Mimik/ Gestik	Häufigkeit, an wen gerichtet, raumgreifend oder im persönlichen Handlungsbereich
Dominantes Verhalten	Unterbrechen, Schlagfertigkeit, Verteilen von Aufgaben, SYMBOLS of Power, Position im Raum/ vor der Gruppe, Körperhaltung
Unterwürfiges Verhalten	Entgegennehmen von Aufträgen, SYMBOLS of Power, Position im Raum/ in der Gruppe oder am Rand, Körperhaltung
Dis- / Harmonisches Verhalten	Disharmonie: Angriff/ Abwehr verbal, mimisch, gestisch, Zurechtweisen, Unterbrechen, Beherrschung/ Emotionalität/ Ehrgeiz, Arroganz, Sarkasmus Harmonie: Zustimmen, Loben, Einbinden, Vermitteln, Beschützen, Empathie, Lässigkeit, Offenheit, Humor, Ironie
Ablehnendes Verhalten	mimisch, gestisch, verbal, Körperhaltung, Position im Raum/ am Rand der Gruppe, Initiative, Abbruch von Wortbeiträgen (keiner hört zu), Aufgabe

Je nach Situation und Verhältnissen in der Gruppe können die Ausprägung und die Priorität/ Gewichtung der Kriterien unterschiedlich ausfallen.

Anhang 6 – Reflexionsfragebogen zum Laborexperiment

1. Wie motiviert waren Sie, an dem Planspiel teilzunehmen?

gar nicht					äußerst

2. Wie harmonisch fanden Sie die Zusammenarbeit während des Planspiels?

gar nicht					äußerst

3. Wie effektiv fanden Sie die Zusammenarbeit während des Planspiels?

gar nicht					äußerst

4. Wie zufrieden sind Sie mit dem Ergebnis der Gruppe?

gar nicht					äußerst

5. Fanden Sie, Ihre Meinung wurde ausreichend berücksichtigt bzw. dass Sie ihre Meinung ausreichend durchsetzen konnten?

gar nicht					äußerst

6. Wie intensiv empfanden Sie Konflikte während des Planspiels? Zwischen wem sahen sie Konflikte?

gar nicht					äußerst

7. Haben Sie das Gefühl, Sie hätten sich mehr einbringen müssen für den Teamerfolg?

gar nicht					äußerst

8. Fanden Sie, dass sich alle Teilnehmer ausreichend eingebracht haben? Falls nicht, wer hätte sich mehr einbringen sollen?

gar nicht					äußerst

-
-

9. Wie wohl haben Sie sich während der Diskussion gefühlt?

gar nicht					äußerst

10. Gab es Situationen / Teilnehmer / Faktoren, die für ihr Unbehagen gesorgt haben? Falls ja, wer oder was?

gar nicht					äußerst

-
-

11. Wie gut hat Ihnen das Planspiel im Nachhinein gefallen?

gar nicht					äußerst

Literaturverzeichnis

Amann, Andreas (Diagnostik, 2009): Der Prozess des Diagnostizierens - Wie untersuche ich eine Gruppe?, in: Edding, Cornelia, Schattenhofer, Karl, (Hrsg.), Handbuch: Alles über Gruppen. Theorie, Anwendung, Praxis, 2009, S. 404-436

Antons, Klaus (Gruppenprozesse, 2004): Gruppenprozesse verstehen – Gruppendynamische Forschung und Praxis; 2. Aufl.; Wiesbaden: VS Verlag für Sozialwissenschaften, 2004

Bachmann, Thomas (Coaching, 2017): Coaching and Group Dynamics, in: Schreyögg, Astrid, Schmidt-Lellek, Christoph (Hrsg.), The Professionalization of Coaching S. 223-248). Springer

Bachmann, Thomas (Contact Behavior, 2020): Working Paper: The Relationship of Contact Behavior, Functional Position, and Team Effectiveness.

Bales, Robert Freed, Cohen, Stephen P., Williamson, Stephen A., Schneider, Johann, Orlik, Peter (SYMLOG, 1982): SYMLOG. Ein System für die mehrstufige Beobachtung von Gruppen, Stuttgart: Klett-Cotta

Benne, Kenneth D.; Sheats, Paul (Functional Roles, 1948): Functional Roles of Group Members, in: Journal of Social Issues; 4 (1948); 2; S. 41–49

Bonito, Joseph A., Hollingshead, Andrea B. (Participation, 1997): Participation in Small Groups, in: Annals of the International Communication Association, 20 (1997), 1, S. 227–261

Borrill, Carol West, Michael, Shapiro, David, Rees, Anne (Team working, 2000): Team working and effectiveness in health care, in: British Journal of Healthcare Management, 6 (2000), 8, S. 364–371

Brodbeck, Felix C. (Gruppenprozessanalyse, 2007): Analyse von Gruppenprozessen und Gruppenleistung, in: Schuler, Heinz (Hrsg.): Lehrbuch Organisationspsychologie, 4. Aufl.; Bern, Göttingen: Huber, S. 415–438

Buhse, Willms (Agil Arbeiten, 2018): Arbeiten Sie agil, aber machen Sie es richtig, in: WirtschaftsWoche, 2018

Burkard, Franz-Peter (Pädagogik, 2008): dtv-Atlas Pädagogik, Bd. 3327, 1. Aufl., München: Dt. Taschenbuch-Verl

Buss, David M.; Hoffrage, Ulrich (Evolutionäre Psychologie, 2004): Evolutionäre Psychologie, 2. Aufl., München: Pearson Studium

Chenet, Alexander, Obernosterer, Nina, Pieber, Bernhard (Agiler werden, 2018): Agil agiler werden, in: OrganisationsEntwicklung, 37 (2018), 2, S. 71–76

Cummins, Denise Dellarosa (Social norms, 1998): Social norms and other minds: The evolutionary roots of higher cognition, in: Cummins, Denise Dellarosa (Hrsg.): The evolution of mind, New York: Oxford University Press, S. 30–50

Dannenmaier, William D., Thumin, Fred J. (Authority status, 1964): Authority status as a factor in perceptual distortion of size, in: The Journal of Social Psychology, 63 (1964), 2, S. 361–365

Erpenbeck, John, von Rosenstiel, Lutz, Grote, Sven, Sauter, Werner (Hrsg.) (Handbuch, 2000): Handbuch Kompetenzmessung – Erkennen, verstehen und bewerten von Kompetenzen in der betrieblichen, pädagogischen und psychologischen Praxis; 3. Auflage; Stuttgart: Schäffer-Poeschel Verlag

Fisek, M. Hamit; Ofshe, Richard (Process, 1970): The Process of Status Evolution, in: Sociometry, 33 (1970), 3, S. 327

Freimuth, Joachim, Schütte, Carl (Historie, 2016): Historie, Typologie und Dynamik von großen Gruppen. Moderation, Selbstorganisation und Emergenz., in: Zeitschrift Organisationsentwicklung, 2016, 3, S. 50–61

Fröhlich, Werner D. (Wörterbuch, 2017): Wörterbuch Psychologie, 5. Aufl., München: dtv

Gerrig, Richard J.; Zimbardo, Philip G. (Psychologie, 2018): Psychologie, 21.Aufl., Hallbergmoos: Pearson

Gillis, John S. (Too tall,1982): Too tall, too small, Champaign, Institute for Personality and Ability Testing Inc.

Glasl, Friedrich (Konfliktmanagement, 2013): Konfliktmanagement – Ein Handbuch für Führungskräfte, Beraterinnen und Berater, 11. Aufl., Bern, Stuttgart, Wien, Verlag Freies Geistesleben

Hackl, Benedikt, Gerpott, Fabiola, Malessa, Matthias, Jeckel, Peter (Agilität, 2015): Auf dem Weg zur Agilität, in: Personalmagazin (2015), 2, S. 30–32

Hackl, Benedikt, Wagner, Marc, Attmer, Lars, Baumann, Dominik (New Work, 2017): New Work: Auf dem Weg zur neuen Arbeitswelt, Wiesbaden: Springer Fachmedien

Hirokawa, Randy Y. (Group communication, 1983): Group communication and problem-solving effectiveness II: An exploratory investigation of procedural functions, in: Western Journal of Speech Communication, 47 (1983), 1, S. 59–74

Hofert, Svenja (2017): Agiler führen – Einfache Maßnahmen für bessere Teamarbeit, mehr Leistung und höhere Kreativität, 2. Aufl., Wiesbaden: Springer Gabler

Hollenbeck, John R., Beersma, Bianca, Schouten, Maartje E. (Taxonomies, 2012): Beyond Team Types and Taxonomies: A Dimensional Scaling Conceptualization for Team Description, in: AMR 37 (1), S. 82–106

Hussy, Walter; Schreier, Margrit; Echterhoff, Gerald (Forschungsmethoden, 2013): Forschungsmethoden in Psychologie und Sozialwissenschaften für Bachelor – Mit 23 Tabellen, 2. Aufl., Berlin, Heidelberg: Springer

Irle, Martin (Lehrbuch, 1975): Lehrbuch der Sozialpsychologie; Göttingen, Toronto, Zürich: Verl. für Psychologie Hogrefe

Jakoby, Walter (Intensivtraining, 2019): Intensivtraining Projektmanagement – Ein praxisnahes Übungsbuch für den gezielten Kompetenzaufbau, 2. Aufl., Wiesbaden, Heidelberg: Springer Vieweg

Kalma, Akko (Hierarchisation, 1991): Hierarchisation and dominance assessment at first glance, in: European Journal of Social Psychology, 21 (1991), 2, S. 165–181

Kauffeld, Simone (Teamdiagnose, 2001): Teamdiagnose, Göttingen, Bern: Verlag für Angewandte Psychologie Hogrefe

Kauffeld, Simone (Hrsg.) (Personalpsychologie, 2014): Arbeits-, Organisations- und Personalpsychologie für Bachelor – Mit 36 Tabellen, 2. Aufl., Berlin: Springer

Kauffeld, Simone, Lehmann-Willenbrock, Nale, Meinecke, Annika L. (Interaction, 2018): The Advanced Interaction Analysis for Teams (act4teams) Coding Scheme, in: Brauner, Elisabeth, Boos, Margarete; Kolbe, Michaela (Hrsg.): The Cambridge Handbook of Group Interaction Analysis: Cambridge University Press, S. 422–431

Kauffeld, Simone, Schulte, Eva-Maria (Entwicklung, 2019): Teams und ihre Entwicklung; in: Kauffeld, Simone (Hrsg.): Arbeits-, Organisations- und Personalpsychologie für Bachelor – Mit 44 Abbildungen und 42 Tabellen, 3. Aufl., Berlin, Heidelberg: Springer, S. 211–236

König, Oliver (Einführung, 1997): Einführung und Überblick, in: König, Oliver (Hrsg.): Gruppendynamik – Geschichte, Theorien, Methoden, Anwendungen, Ausbildung, 2. Aufl., München: Profil, S. 12

König, Oliver; Schattenhofer, Karl (Gruppendynamik, 2020): Einführung in die Gruppendynamik, 10. Aufl., Heidelberg: Carl-Auer Verlag GmbH

Krege, Wolfgang (Gruppendynamik, 1977): Begriffe der Gruppendynamik, 1. Aufl., Stuttgart: Klett-Cotta

Laloux, Frédéric (Organizations, 2017): Reinventing Organizations visuell – Ein illustrierter Leitfaden sinnstiftender Formen der Zusammenarbeit, 1. Aufl., München: Verlag Franz Vahlen

Lamnek, Siegfried, Krell, Claudia (Sozialforschung, 2016): Qualitative Sozialforschung – Mit Online-Materialien, 6. Aufl., Weinheim: Beltz

Lewin, Kurt, Lippit, Ronald, White, Ralph K. (1939): Patterns of aggressive behavior in experimentally created social climates, in: Journal of Social Psychology, 10:2, S. 271–299

Lewin, Kurt (Konflikte, 1953): Die Lösung sozialer Konflikte: Ausgewählte Abhandlungen über Gruppendynamik, in: Weiss Lewin, Gertrud (Hrsg.), Bad Nauheim: Christian-Verlag

Lewin, Kurt (Feldtheorie, 1982): Feldtheorie; in: von Graumann, Carl-Friedrich (Hrsg.), Bd. 4, Bern, Stuttgart: Huber

Lindner, Traugott (1996): Lindner im Interview mit Gerhard Schwarz. In: Schwarz, Gerhard, Heintel, Peter, Weyrer, Stattler, Helga (Hrsg.): Gruppendynamik. Geschichte und Zukunft. 2. Auflage, Wien: WUV-Universitätsverlag

Lippmann, Eric, Pfister, Andres, Jörg, Urs (Hrsg.) (Handbuch, 2019): Handbuch Angewandte Psychologie für Führungskräfte – Führungskompetenz und Führungswissen, 5. Aufl., Berlin, Heidelberg: Springer Berlin Heidelberg

Luft, Joseph (Einführung, 1977): Einführung in die Gruppendynamik, Stuttgart: Ernst Klett Verlag

Mayring, Philipp (Sozialforschung, 2016). Einführung in die qualitative Sozialforschung: Eine Anleitung zu qualitativem Denken, 6. Aufl., Weinheim, Basel: Beltz

Moreno, Jacob L. (Soziometrie, 1996): Die Grundlagen der Soziometrie – Wege zur Neuordnung der Gesellschaft, 3. Aufl., Opladen: Leske + Budrich

Mueller, Ulrich, Mazur, Allan (Dominance, 1996): Facial Dominance of West Point Cadets as a Predictor of Later Military Rank, in: Social Forces, 74 (1996), 3, S. 823–850

Mütze-Niewöhner, Susanne, Schlick, Christopher, Luczak, Holger (Teamarbeit, 2018): Gruppen- und Teamarbeit, in: Schlick, Christopher, Bruder, Ralph, Luczak, Holger (Hrsg.): Arbeitswissenschaft, 4. Aufl., Berlin, Heidelberg: Springer Berlin Heidelberg, S. 681–728

Myers, David G., Hoppe-Graff, Siegfried (Psychologie, 2014): Psychologie, 3. Aufl., Berlin: Springer

Parent-Thirion, Agnès, Macías, Enrique, Hurley, John, Vermeylen, Greet (Erhebung, 2008): Vierte Europäische Erhebung über die Arbeitsbedingungen, Europäischen Stiftung zur Verbesserung der Lebens- und Arbeitsbedingungen

Pinker, Steven (mind works, 1997): How the mind works, New York: Norton

Rechtien, Wolfgang (Gruppendynamik, 2007): Angewandte Gruppendynamik – Ein Lehrbuch für Studierende und Praktiker, 4. Aufl., Weinheim: BeltzPVU

Redmann, Britta (Agiles Arbeiten, 2017): Agiles Arbeiten im Unternehmen – Rechtliche Rahmenbedingungen und gesetzliche Anforderungen, 1. Aufl., Freiburg, München, Stuttgart: Haufe Gruppe

Reiner-Kolouch, Uwe, Schmied, Renate, Waldner, Michael (Toolbox, 2020): Toolbox Führungskompetenz – People Management in der Praxis, Weinheim: Wiley-VCH Verlag

Rosenstiel, Lutz von, Nerdinger, Friedemann W. (Organisationspsychologie, 2011): Grundlagen der Organisationspsychologie – Basiswissen und Anwendungshinweise, 7. Aufl., Schäffer-Poeschel Verlag

Sader, Manfred (Gruppenpsychologie, 2008): Psychologie der Gruppe, 9. Aufl., Weinheim: Juventa-Verl

Scherm, Martin (Gruppensynergien, 1998): Synergie in Gruppen - Mehr als eine Metapher?, in: Ardelt-Gattinger, Elisabeth, Sarges, Werner (Hrsg.): Gruppendynamik – Anspruch und Wirklichkeit der Arbeit in Gruppen, 1. Aufl., Göttingen: Verl. für Angewandte Psychologie

Schindler, Raoul (Psychodynamik, 1957): Grundprinzipien der Psychodynamik in der Gruppe. Psyche, Band 11, Nr. 5, S. 308–314, Gießen: Klett Cotta/Psychosozial-Verlag

Schindler, Raoul (Gruppenerfahrung, 1968): Was lehrt uns die Gruppenerfahrung für das Verständnis der Psychodynamik bei schizophrenen Psychosen? Gruppenpsychotherapie und Gruppendynamik, Heft 1, S. 41–51, Göttingen: Vandenhoeck & Ruprecht

Schindler, Raoul (Gruppengefüge, 2016): Das lebendige Gefüge der Gruppe – Ausgewählte Schriften, in: von Spaller, Christina, Wirnschimmel, Konrad, Tippe, Andrea, Lamatsch, Judith, Margreiter, Ursula, Krafft-Ebing, Ingrid, Ertl, Michael (Hrsg.), Gießen: Psychosozial-Verlag

Schmidt, Eva Renate, Berg, Hans Georg (Organisationsberatung, 1995): Beraten mit Kontakt: Handbuch für Gemeinde und Organisationsberatung, Offenbach: Burkhardt-haus-Leatare

Schmittner, Kathrin (Führungswechsel, 2015): Die Auswirkungen von internen Führungswechsel auf gruppendynamische Prozesse (Diplomarbeit JKU Linz)

Schneidhofer, Thomas M. (Rangordnungsdynamik, 2015): Von Alpha-Weibchen bis Omega-Männchen: Rangordnungsdynamik steuert selbstorganisierte Teams, personal manager 4/2015, Mannheim: HRM Research Institute

Scholl, Wolfgang (Organisation, 2007) Grundkonzepte der Organisation, in: H. Schuler (Hrsg.), Lehrbuch Organisationspsychologie. 4. Aufl., Psychologie-Lehrbuch, Bern: Huber, S. 515-556

Schulz von Thun, Friedemann, Ruppel, Johannes, Stratmann, Roswitha (Kommunikationspsychologie, 2003): Miteinander reden – Kommunikationspsychologie für Führungskräfte, Bd. 61531, Neuausgabe, Originalausgabe, Reinbek bei Hamburg: Rowohlt Taschenbuch Verlag

Schulz von Thun, Friedemann (Kommunikation, 2013): Das "Innere Team" und situationsgerechte Kommunikation – Kommunikation, Person, Situation: mit 101 Zeichnungen von Verena Hars, Bd. 60545, 26. Aufl., Reinbek bei Hamburg: Rowohlt Taschenbuch

Schütt, Peter (Unternehmen, 2015): Der Weg zum Digitalen Unternehmen – Social Business Methoden erfolgreich einsetzen, 2. Aufl., Berlin, Heidelberg: Springer Berlin Heidelberg

Schwarz, Gerhard (Lewin, 2005): Lewin und die Anfänge der Gruppendynamik – ein Schöpfungsmythos, in: Iwers-Stelljes, Telse (Hrsg.): Gruppendynamik und Organisationsberatung. Zeitschrift für die Entwicklung von Gruppen, Personen und Organisationen, 46. Jahrgang, Heft 3-4, Dezember 2015, Wiesbaden: Springer Fachmedien

Schwarz, Gerhard (Konfliktmanagement, 2014): Konfliktmanagement – Konflikte erkennen, analysieren, lösen, 9. Aufl., Wiesbaden, Gabler Verlag

Stahl, Eberhard (Gruppenleitung, 2017): Dynamik in Gruppen – Handbuch der Gruppenleitung, 4. Aufl., Weinheim: Beltz

Stincelli, Elizabeth, Baghurst, Timothy (Leadership, 2014): A Grounded Theory Exploration of Informal Leadership Qualities as Perceived by Employees and Managers in Small Organizations, in: International Journal of Business Management and Economic Research (5), S. 1–8

Tannenbaum, Scott I., Salas, Eduardo, Cannon-Bowers, Janis A. (Effectiveness, 1996): Promoting team effectiveness, in: West, Michael A. (Hrsg.): Handbook of work group psychology, Chichester: Wiley, S. 503–529

Terhart, Ewald (Intuition, 1981): Intuition - Interpretation - Argumentation. Zum Problem der Geltungsbegründung von Interpretationen

Tippe, Andrea (Gruppendynamik, 2016): Entwicklung der Gruppendynamik in Österreich: Schindler im Feld, in: Spaller, Christina, Wirnschimmel, Konrad, Tippe, Andrea, Lamatsch, Judith, Margreiter, Ursula, Krafft-Ebbing, Ingrid, Ertl, Michael (Hrsg.): Das lebendige Gefüge der Gruppe. Ausgewählte Schriften, Wien: PsychosozialVerlag

Tuckman, Bruce W. (Developmental sequence, 1965): Developmental sequence in small groups, in: Psychological Bulletin, 63 (1965), 6, S. 384–399

Wegge, Jürgen (Arbeitsgruppen, 2004): Führung von Arbeitsgruppen, Göttingen: Hogrefe Verlag für Psychologie

Wegge, Jürgen, Rosenstiel, Lutz von (Führung, 2007): Führung; in: Schuler, Heinz (Hrsg.): Lehrbuch Organisationspsychologie, 4. Aufl., Bern, Göttingen: Huber, S. 475–512

Weingart, Laurie R. (Group processes, 1997): How did they do that? The ways and means of studying grup processes, in: Research in Organisational Behavior (1997), 19, S. 189–239

Werro, Evelyn (Agile Frameworks, 2017): Gruppendynamische Aspekte agiler Frameworks – Agile Teams im Spannungsfeld von Zugehörigkeit, Macht und Intimität, Wiesbaden: Springer Fachmedien Wiesbaden

Yalom, Irvin D. (Psychotherapy, 1985): The theory and practice of group psychotherapy, New York: Basic Books.

Internetquellen

Kottenhagen, Peter (Leitsätze, 2014): Die vier Leitsätze des agilen Manifests, <http://doktor-scrum.de/agiles-manifest-4leitsaetze/> [Zugriff 03.01.2022].

Vatter, Peter (Hierarchie, 2022): Working Paper: Informelle Hierarchie - Modellierung rangdynamischer Konflikte im Arbeitskontext der Digitalisierung, <http://www.petervatter.de/Informelle_Hierarchie_(Working_Paper).pdf>, [Zugriff: 04.02.2022].

Der Autor

Daniel Geckert, geb. 1988 in Nürnberg, begann seine Laufbahn 2012 mit einer Ausbildung zum Industriekaufmann in der Baubranche und arbeitete ab 2014 als Controller bevor er 2018 in die IT-Branche wechselte. Ab 2015 studierte er berufsbegleitend „Betriebswirtschaft & Wirtschaftspsychologie“ an der FOM Hochschule für Oekonomie und Management in Nürnberg und beendete das Studium 2019 mit dem Bachelor of Science. Von 2019 bis 2022 schloss er ein Masterstudium in „Business Consulting and Digital Management“ an, welches er 2022 erfolgreich beendete.

Im Rahmen seiner beruflichen Tätigkeit erlebte er auf Seiten der Baubranche eine vollkommen andere Arbeitskultur als unter den Kollegen in der Softwareentwicklung. Gleichzeitig erkannte er die Bedeutung der informellen Hierarchie für die Zusammenarbeit innerhalb des Projektteams und somit für den Erfolg der Projekte. Er beobachtete, wie weitreichende Entscheidungen in Unternehmen nicht das Ergebnis ökonomischer Fakten waren, sondern eher der Persönlichkeit und der Interaktion der Entscheider. Nicht ein rationales Abwägen, sondern das emotionale Zusammenspiel der beteiligten Akteure waren sowohl für den Erfolg oder das Scheitern der Projekte ausschlaggebend. Die direkte Arbeitskultur in der Baubranche und der offene Umgang mit Konflikten haben seine Beobachtungen begünstigt und seine Eindrücke geprägt.

Dies veranlasste ihn, im Rahmen seiner hier vorliegenden Masterarbeit den Einflussfaktoren und den Wirkmechanismen auf die informelle Hierarchie nachzugehen. Das vorliegende Buch stellt die Ergebnisse seiner Untersuchungen dar.

Die Reihe „Informelle Hierarchie & Rangdynamik"

Der Begriff „Informelle Hierarchie & Rangdynamik" umfasst ein neuartiges Führungsverständnis, nachdem das Bilden von Hierarchien ein natürlicher Drang von Menschen ist. Führung und Autorität werden im Gegensatz zu anderen Ansätzen nicht abgelehnt, sondern als natürlicher Teil der Gruppendynamik betrachtet. Viel mehr kommt es darauf an, wie das führende Individuum seine Macht ausübt und dass dessen Ziele dem Gemeinwohl dienen.

Das Ziel des Ansatzes liegt darin, die informelle Hierarchie auf eine der gesamten Organisation dienende Art und Weise zu gestalten und rangdynamische Konflikte konstruktiv zu lösen. Im Idealfall führt zu einer höheren Performanz und geringeren psychischen Belastungen innerhalb des Teams.

Diesem Leitgedanken folgend werden in der vorliegenden Reihe wissenschaftliche Beiträge veröffentlich. Zentrale Fragen beschäftigen sich mit den Mechanismen, wie Menschen eine informelle Hierarchie bilden, welche Neigungen einzelne Menschen hinsichtlich ihrer rangdynamischen Rolle besitzen und was die Auswirkungen bestimmter Gruppenstrukturen sind. Weiter soll untersucht werden, wie Führungskräfte befähigt werden können, um ihre Führungsrolle verantwortungsvoll und angemessen ausfüllen zu können.

- www.informelle-hierarchie.de

Bisher in der Reihe erschienen

Band 1 **Philip Diszlberger** – Methoden zur Evaluation der informellen Hierarchie als Erfolgsfaktor der Teamarbeit vor dem Hintergrund von New Work, ISBN 978-3-98933-000-9

Band 2 **Daniel Geckert** – Informelle Hierarchie als Erfolgsfaktor in New-Work-Teams – Evaluierung einer Methodik zur Validierung rangdynamischer Modelle, ISBN 978-3-98933-002-3